Berichte aus dem Institut für Umformtechnik der Universität Stuttgart

Herausgeber: Prof. Dr.-Ing. K. Lange

76

Michael Widmann

Herstellung und Versteifungswirkung von geschlossenen Halbrundsicken

Mit 63 Abbildungen

Springer-Verlag
Berlin Heidelberg New York Tokyo 1984

Dipl.-Ing. Michael Widmann
Institut für Umformtechnik
Universität Stuttgart

Dr.-Ing. Kurt Lange
o. Professor an der Universität Stuttgart
Institut für Umformtechnik

ISBN-13:978-3-540-13172-4   e-ISBN-13:978-3-642-82233-9
DOI:10.1007/978-3-642-82233-9

Gesamtherstellung: Copydruck GmbH, Offsetdruckerei, Industriestraße 1-3, 7258 Heimsheim, Telefon 0 70 33/38 25-26
2362/3020—543210

GELEITWORT DES HERAUSGEBERS

Die Umformtechnik zeichnet sich durch sehr gute Werkstoffaus-
wertung und hohe Mengenleistung in der Serienfertigung gegenüber anderen Fertigungsverfahren aus, wobei Beibehaltung der
Masse, Änderung der Festigkeitseigenschaften während eines Vorgangs und elastische Rückfederung der Werkstücke nach einem
Vorgang wesentliche Merkmale sind. Weiter sind die benötigten
Kräfte, Arbeiten und Leistungen sehr viel größer als z.B. bei
spanenden Verfahren. Die sichere Beherrschung eines Verfahrens
in der industriellen Fertigung und die zunehmende Forderung
nach Vermeidung bzw. Minimierung spanender Nacharbeit erzwingen
die geschlossene Betrachtung des Systems "Umformende Fertigung"
unter zentraler Berücksichtigung plastizitätstheoretischer,
werkstoffkundlicher und tribologischer Grundlagen.

Das Institut für Umformtechnik der Universität Stuttgart stellt
entsprechend Forschung und Entwicklung zum einen auf die Erar-
beitung von Grundlagenwissen in diesen Bereichen ab, zum anderen
untersucht und entwickelt es Verfahren unter Anwendung speziel-
ler Meßtechniken mit dem Ziel einer genauen quantitativen Ermittlung des Einflusses der Parameter von Vorgang, Werkstoff,
Werkzeug und Maschine. Die Behandlung von Problemen des Maschi-
nenverhaltens, der Maschinenkonstruktion sowie der Werkzeugauslegung und -beanspruchung, der Auswahl hochbeanspruchbarer,
verschleißfester Werkzeugbaustoffe und schließlich der Tribo-
logie gehört entsprechend ebenfalls zum Arbeitsgebiet, das
durch die Erfassung organisatorischer und betriebswirtschaft-
licher Fragen abgerundet wird.

Im Rahmen der "Berichte aus dem Institut für Umformtechnik" erscheinen in zwangloser Folge jährlich mehrere Bände, in denen
über einzelne Themen ausführlich berichtet wird. Dabei handelt
es sich vornehmlich um Abschlußberichte von Forschungsvorhaben,
Dissertationen, aber gelegentlich auch um andere Texte. Diese
Berichte sollen den in der Praxis stehenden Ingenieuren und
Wissenschaftlern zur Weiterbildung dienen und eine Hilfe bei
der Lösung umformtechnischer Aufgaben sein. Für die Studieren-

den bieten sie die Möglichkeit zur Vertiefung der Kenntnisse.
Die seit zwei Jahrzehnten bewährte freundschaftliche Zusammen-
arbeit mit dem Springer-Verlag sehe ich als beste Voraussetzung
für das Gelingen dieses Vorhabens an.

                              Kurt Lange

V o r w o r t

Die vorliegende Arbeit entstand während meiner Tätigkeit als wissenschaftlicher Mitarbeiter am Institut für Umformtechnik der Universität Stuttgart.

Herrn Professor Dr.-Ing. K. Lange danke ich für sein Vertrauen und seine stete Unterstützung bei der Anfertigung dieser Arbeit.

Herrn Professor Dipl.-Ing. H. Seeger bin ich für die eingehende Durchsicht der Arbeit zu Dank verpflichtet.

Darüber hinaus danke ich herzlich Herrn Dipl.-Ing. E. Dannenmann für seine wertvollen Ratschläge und kritischen Diskussionen. Mein Dank gilt ferner allen Mitarbeiterinnen und Mitarbeitern des Instituts für Umformtechnik, die zum Gelingen der Arbeit beigetragen haben.

Die Untersuchung wurde von der Deutschen Forschungsgesellschaft für Blechverarbeitung e.V. (DFB) mit Mitteln des Bundesministers für Wirtschaft über die Arbeitsgemeinschaft Industrieller Forschungsvereinigungen (AIF) gefördert.

Stuttgart, Dezember 1983

Michael Widmann

<u>Inhaltsverzeichnis</u>

Verzeichnis der wichtigsten Abkürzungen

A	mm^2	Fläche
A_g	%	Gleichmaßdehnung
a	–	Konstante
a_o	mm	Gesenkweite, Sickenbreite
a_1	mm	gestreckte Länge des Sickenquerschnitts
b	mm	Breite
b	mm	Profilbreite (Absch. 1.4 u. 3.5)
b_o	mm	Einspannbreite, Platinenbreite
c	–	Konstante
c	–	Spannungsverhältnis (S. 15)
C	–	Konstante
d	mm	Durchmesser
E	N/mm^2	Elastizitätsmodul
e	mm	Mittenabstand paralleler Sicken
e^*	mm	Dicke der Distanzleisten
e_s	mm	Schwerpunktabstand
F	N	Kraft
f	mm	Durchbiegung
h	mm	Sickentiefe
I	mm^4	Trägheitsmoment
K	–	Werkstoffkonstante
k_f	N/mm^2	Fließspannung
L	mm	Stützweite
l	mm	Länge
m	–	Steigung
m	–	Exponent (S. 82)
n	–	Verfestigungsexponent
p	bar	Druck
r, R	mm	Radius
r	–	Kennwert der senkrechten Anisotropie
R_m	N/mm^2	Zugfestigkeit
$R_{p0,2}$	N/mm^2	0,2-Grenze
s	mm	Blechdicke
U	mm	Umfang
VH	HV5	Vickershärte
v	mm/s	Geschwindigkeit
Y_c	–	Faktor

z	mm	Abstand von x-Achse
α	°	Steigungswinkel, Umschlingungswinkel
$\hat{\alpha}$	°	Winkel im Bogenmaß
α_E	°	höchstzulässiger Winkel
γ	°	Neigungswinkel der Sickenflanken
$\varkappa$	–	Geometrieverhältnis
σ	N/mm²	Spannung
φ	–	Umformgrad
φ_g	–	Gleichmaßumformgrad
φ_{tm}	–	mittlerer tangentialer Umformgrad

Indices

a	Auslauf
exp	experimentell
i	Laufindex
l	in Richtung der Sickenlängsachse
M	Matrize
m	mittlere
max	maximal, größte
min	kleinste
N	Niederhalter
r	in Blechdickenrichtung
S	Schwerpunkt
St	Stempel...
t	quer zur Sickenlängsachse
v	Vergleichs...
x	auf die x-Achse bezogen
Z	Ziehkanten...
0, 45, 90	Lage der Sickenlängsachse zur Walzrichtung
0	Anfangs...
1	End...
1, 2, 3	Hauptrichtungen

Abkürzungen

FEM	Finite-Elemente-Methode
HRC	Rockwell-C-Härte
mit WNF	mit Nachfließen des Werkstoffs
ohne WNF	ohne Nachfließen des Werkstoffs

0   <u>Einleitung</u>

Konstruktionselemente aus Blech sind im Rahmen der Bemühungen
um Energie- und/oder Werkstoffeinsparung durch ihren Vorteil
des geringen Aufwandes an Masse bei dennoch hoher Festigkeit
zunehmend in den Vordergrund getreten. Der Leichtbau erfordert
eine gute konstruktive Durchbildung der Bauelemente und die
Verwendung höher beanspruchbarer oder leichterer Werkstoffe
[1, 2, 3, 4, 5]. Bei vorgegebener Werkstoffqualität ist insbesondere im Bereich der Feinbleche eine Blechdickenminderung
möglich, wenn die Bauteile entsprechend versteift werden.
Viel verwendete Mittel zur Versteifung sind die Schale, das
aufgesetzte Rippenversteifungsblech und die Sicke [6]. Die
Sicke ermöglicht eine Versteifung von Blechteilen ohne zusätzliche Bauelemente, indem sie direkt ins Blech bzw. in die aus
Blech gefertigten Teile eingebracht wird [6 bis 10].

Sicken sind rinnenartige Vertiefungen oder Erhöhungen in ebenen oder gewölbten Blechflächen, wobei die Tiefe gegenüber der
Länge klein ist. Die meist angewendete Form des Sickenquerschnitts ist die halbrunde; andere Formen sind dreieckig, vier-
eckig oder trapezförmig (Bild 1a). Sicken können zu Mehrfachsik-
ken oder zu Sickengruppen angeordnet werden (Bild 1b). Außerdem
können Sicken im ebenen Blechrand oder definiert innerhalb der
Blechfläche auslaufen. Es wird dann von offenen oder geschlossenen Sicken gesprochen (Bild 1 c). Der Sickenverlauf kann sowohl gerade als auch gekrümmt sein.

Neben dem Hauptanwendungsgebiet der Sicke als Möglichkeit zur
Bauteilversteifung in Flächen und Ecken sind Sicken als dekora-
tive Elemente, als Begrenzung- und Leitsicke, zur Oberflächen-
vergrößerung, als Fügeelement u. ä. im Einsatz. Unabhängig von
der Anwendungsart wirkt jedoch jede Sicke versteifend. Versteifungssicken haben schwerpunktmäßig im Karosseriebau der
Fahr- und Förderzeughersteller sowie in der Luft- und Raum-
fahrtindustrie Eingang gefunden [11]. Weitere Beispiele aus
der Blechverpackungsindustrie sind durch Sicken versteifte
Lager-, Stapel- und Magazinierbehälter [12 bis 15].

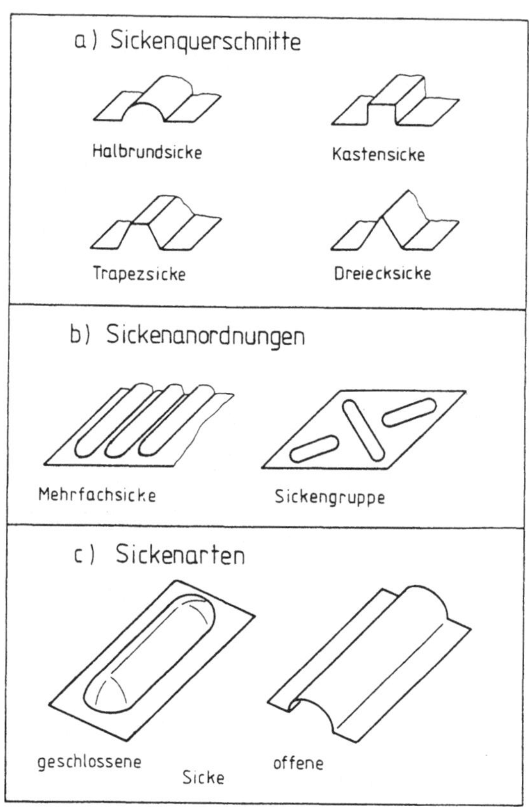

Bild 1: Begriffsbestimmung
  a) Sickenquerschnitte, b) Sickenanordnungen,
  c) Sickenarten.

Die Verfahren für die Sickenherstellung lassen sich in zwei
Hauptgruppen einteilen: Einbringen der Sicke durch schrittweises Umformen mit einem drehend bewegten Werkzeug und Herstellung der Sicke durch Umformen mit einem geradlinig bewegten

Werkzeug im Ganzen. Bekannteste Vertreter der beiden Verfahrensgruppen sind das Walzprofilieren (Walzsicken) [16] und das Hohlprägen [17].

Hohlprägen ist nach DIN 8585, Zugumformen, Blatt 4 ein Verfahren des Tiefens (Bild 2). Die Definition bezeichnet Hohlprägen als Tiefen mit einem starren, beweglichen Stempel in ein Gegenwerkzeug (Matrize) hinein. Hohlprägen von rinnenartigen Vertiefungen wird Sicken genannt. Die Rückseite des Werkstücks

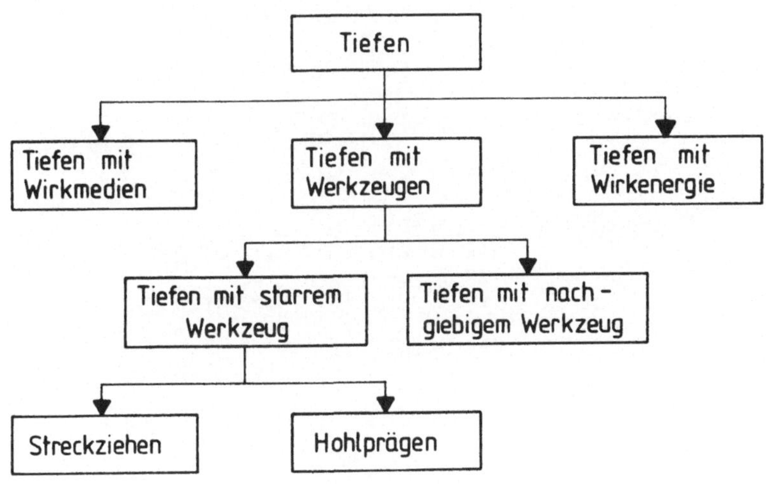

Bild 2: DIN 8585, Blatt 4: Tiefen [17].

ist dabei das Negativ der Vorderseite [18, 19].

Durch Hohlprägen können prinzipiell alle in Bild 1 vorgestellten Sickenquerschnitte gefertigt werden. Wegen ihrer sehr gleichmäßigen Werkstoffverteilung eignet sich für das Hohlprägen am besten die Form der Halbrundsicke [20].

Der wirtschaftliche Einsatz des Hohlprägens beschränkt sich weitgehend auf die Großserienfertigung, da für jede Sickengeometrie ein eigenständiges Werkzeug notwendig ist, dessen Herstellung mit erheblichen Kosten verbunden ist [8].

Die vorliegende Untersuchung beschäftigt sich mit der Herstellung geradliniger geschlossener Halbrundsicken durch Hohlprägen. Aus dem Hohlprägen von Einzelsicken und von Sickenanordnungen in ebenen Blechzuschnitten und im Boden von Ziehteilen
werden technologische Kenndaten erarbeitet. Ein weiterer Aspekt
ist die Versteifungswirkung von Einzelsicken in ebenen Blechzuschnitten und von Sickenanordnungen im Boden von Ziehteilen.

1   <u>Stand der Erkenntnisse</u>

Zum besseren Verständnis der nachfolgenden Ausführungen werden
in Bild 3 die verwendeten Benennungen an geschlossenen Halbrundsicken zusammengestellt.

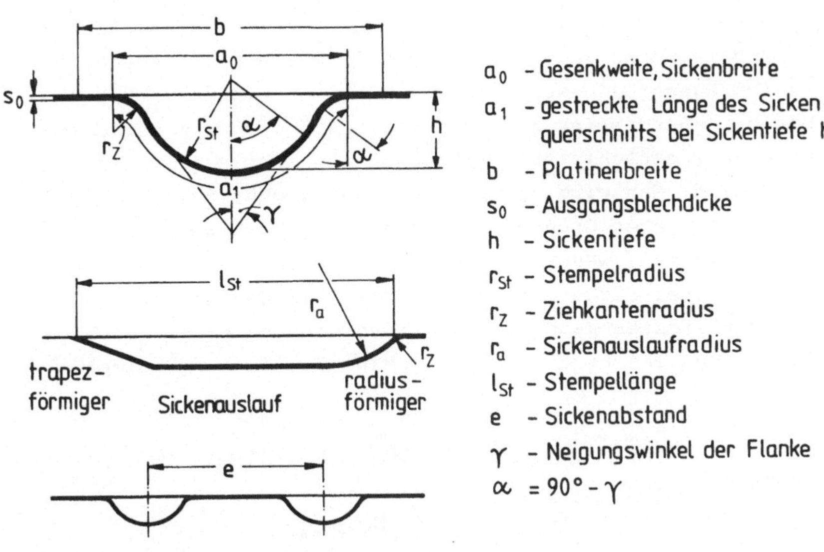

Bild 3: Benennungen an geschlossenen Halbrundsicken.

Die Benennungen, die dem Werkstück zugeordnet sind, sind dadurch gekennzeichnet, daß sie von den entsprechenden konturbestimmenden Werkzeugelementen übernommen werden. Dies gilt
für Stempelradius, Ziehkantenradius, Gesenkweite bzw. Sickenbreite und Stempel- bzw. Sickenauslaufradius. Wird von einer
örtlichen Blechdicke s gesprochen, so stellt sich diese im
Bereich der Sickenbreite a_o ein.

1.1   <u>Werkzeugausführungen und Verfahrensvarianten</u>

Bezüglich der Werkzeugausführung wird nach [19, 21, 22] das
Hohlprägeverfahren in Hohlprägen mit hartsitzendem Stempel,
d. h. umlaufend gleiche Wirkfuge und gleicher Wirkspalt, und

in Hohlprägen ohne hartsitzenden Stempel mit freigelegtem Wirkspalt unterschieden (Bild 4 a). Das erstgenannte Verfahren erfordert eine genaue Kenntnis der örtlichen Wanddicke im Sickenprofil und damit genau eintuschierte tragende Gesenkflächen.
Das Hohlprägen mit hartsitzendem Stempel enthält neben Elemen-
ten des Zugumformens gegen Ende des Umformvorgangs Elemente
des Massivprägens und ist deshalb nicht mehr eindeutig DIN 8585
zuzuordnen. Außerdem ist zu bedenken, daß Änderungen der Sickengeometrie an eintuschierten Werkzeugsätzen sehr zeitaufwendig
und teuer sind. Man wird daher sowohl aus technischen als auch
aus wirtschaftlichen Gründen möglichst auf diese Werkzeugausführung verzichten, wenn nicht exakt vorgeschriebene Konturen
ein Ausprägen der Sicke erfordern [23]. Beim Hohlprägen auf
mechanischen Pressen kann es bei der Verwendung eines geschlossenen Werkzeugs leicht zu einer Maschinenüberlastung kommen.

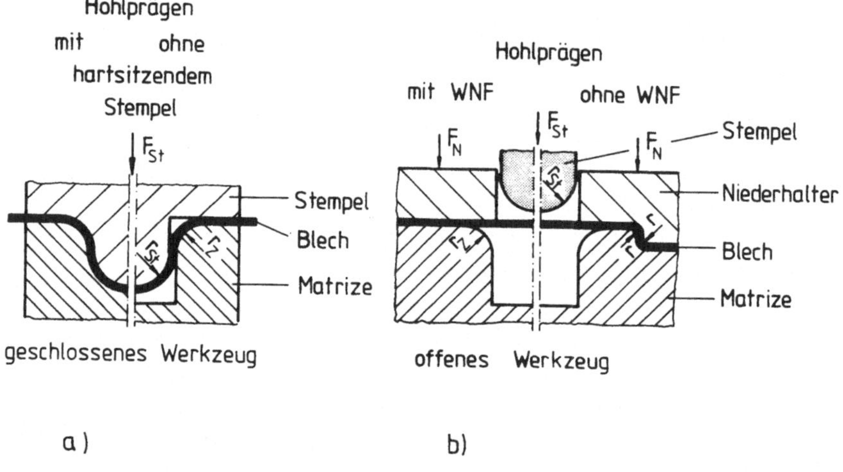

Bild 4: Hohlprägen
     a) Werkzeugausführungen, b) Verfahrensvarianten.

Beim Hohlprägen von geschlossenen Sicken mit Werkzeugausführung
nach Bild 4 a) treten bei dünnen Blechen am Sickenauslauf
außerhalb der eigentlichen Sicke Verwerfungen bzw. Falten in

der Blechebene auf, da der Stempel zuerst die Blechebene berührt und die Sicke zu formen beginnt, bevor sich ein Nieder-
halterkontakt einstellt [24]. Durch den Einsatz eines Werkzeugs
mit Niederhalter (Bild 4 b), der vor dem Umformvorgang auf der
Platine aufsitzt, werden die Verwerfungen unterdrückt. Andern-
falls müssen die aufgetretenen Falten mit erheblichem Kraftaufwand wieder eingeebnet werden. Dieser Vorgang bringt eine zusätzliche Belastung von Werkzeug und Umformmaschine mit sich.

Eine weitere Unterscheidung des Hohlprägens ist durch die Möglichkeit des Werkstoffnachfließens während des Umformvorgangs
aus den benachbarten Gebieten gegeben (Bild 4 b). Nach Petzold
[25] läßt sich abgrenzen in:

- Hohlprägen von Sicken mit Nachfließen des Werkstoffs (mit
  WNF)
  Bei offenen Sicken und im mittleren Bereich geschlossener
  Sicken wird das Blech im wesentlichen nur einer Biegebean-
  spruchung ausgesetzt. Tangentiale Zugspannungen ergeben sich
  nur in geringem Maße aus der Reibung, die zwischen Blech und
  Werkzeugoberfläche überwunden werden muß.

- Hohlprägen von Sicken ohne Nachfließen des Werkstoffs (ohne
  WNF)
  Dieser Fall liegt vor bei der Herstellung von geschlossenen
  Sicken in Blechteilen, deren äußere Abmessungen sich quer
  zur Sicke nicht ändern dürfen sowie bei der Fertigung von
  Gruppensicken, wobei die äußeren Sicken als Sperrsicken ge-
  genüber den innenliegenden Sicken wirken. Hier wird die
  Sicke im wesentlichen durch die Verringerung der Blechdicke
  gebildet.

1.2 Verfahrensgrenzen

Bei der Herstellung einer Sicke durch Hohlprägen wird die erforderliche Umformung, wenn kein Werkstoff nachfließen kann,
überwiegend durch eine tangentiale Dehnung des Werkstoffs erreicht. Dabei tritt eine Vergrößerung der Oberfläche bei Verminderung der Blechdicke ein [26]. Wird eine bestimmte Dehnung

erreicht, beginnt der Werkstoff sich in Blechdickenrichtung
einzuschnüren. Dies führt bei fortgesetzter Umformung zum
Bruch. Der Eintritt des Werkstoffversagens läßt sich entweder
durch die Betrachtung des Spannungszustandes oder des Formänderungsvermögens des Werkstoffs bestimmen.

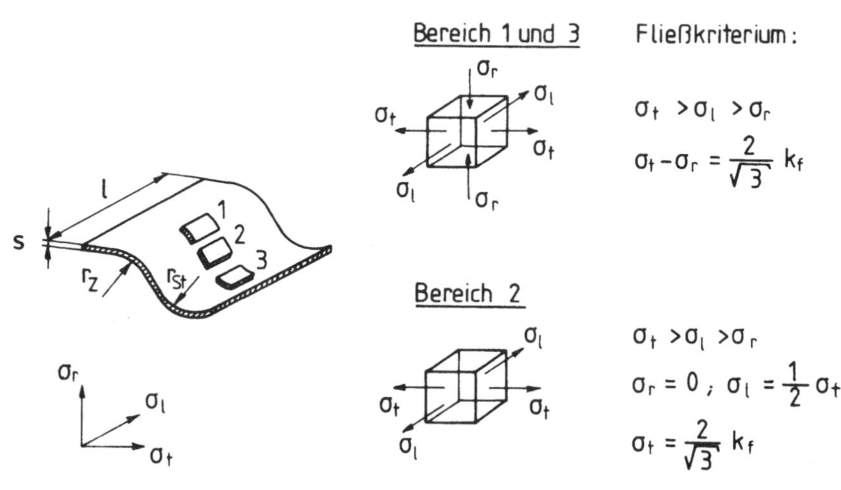

Bild 5: Umformbereiche und Fließbedingungen beim Hohlprägen
[nach 26].

Im Mittelbereich der Sicken lassen sich nach Petzold [25, 26]
drei Umformbereiche Ziehkantenrundung (1), Sickenflanke (2)
und Stempelrundung (3) unterscheiden (Bild 5). In Bereich 1
und 3 tritt auf Grund der Werkzeugberührung ein dreiachsiger
Spannungszustand und im Bereich 2 mit freier Umformung ein
zweiachsiger Spannungszustand auf.

Falls die Sickenbreite a_o und die Sickentiefe h wesentlich
kleiner ist als die Sickenlänge l ($a_o \ll l$ und $h \ll l$), was
der Definition einer Sicke entspricht, wird der axiale Umformgrad $\varphi_1 = 0$. Damit liegt ein ebener Formänderungszustand vor.
Die Fließbedingung nach v. Mises [27] lautet mit

$$\sigma_1 = \sigma_t, \quad \sigma_2 = \sigma_1, \quad \sigma_3 = \sigma_r$$

$$(\sigma_t - \sigma_1)^2 + (\sigma_1 - \sigma_r)^2 + (\sigma_r - \sigma_t)^2 = 2 \cdot k_f^2 . \qquad (1)$$

Für den ebenen Formänderungszustand ($\varphi_1 = 0$) wird

$$\sigma_1 = \frac{\sigma_t + \sigma_r}{2}$$

und damit Gl. (1) zu:

$$\frac{3}{2} (\sigma_t - \sigma_r)^2 = 2 k_f^2 \qquad (2)$$

Für die Bereiche 1 und 3 gilt dann

$$\sigma_t - \sigma_r = 2 \cdot k_f / \sqrt{3}$$

und für den Bereich 2 ($\sigma_r = 0$)

$$\sigma_t = 2 \cdot k_f / \sqrt{3} .$$

Die im Querschnitt wirkenden Spannungen in Blechdickenrichtung
sind auch bei verhältnismäßig starken Krümmungen ihrem Betrage
nach gering im Vergleich zur tangentialen Spannung [28]. Dadurch tritt in allen betrachteten Bereichen der Umformzone ein
Fließen des Werkstoffs ein, wenn die tangentiale Spannung den
Wert

$$\sigma_t = 2 k_f / \sqrt{3} \qquad (3)$$

erreicht.

Durch die direkte Berührung der Blechoberfläche mit den Werkzeugkonturen und die dabei auftretende Reibung werden in den
Bereichen 1 und 3 Druckspannungen aufgebracht, so daß die erforderlichen Tangentialspannungen später erreicht werden als
im Bereich der freien Umformung (Sickenflanke). Dort beginnt
dann zuerst das Versagen des Werkstoffs. Erst bei Radien
$r < s_o$ und großen Biegewinkeln wird der Einfluß der Radial-
spannungen in diesen Bereichen größer. Es tritt daher schon
Fließen ein, wenn die tangentiale Spannung $\sigma_t < 2 k_f / \sqrt{3}$
ist. Das Versagensgebiet verlagert sich dann in die Außenfaser
der Umformbereiche 1 und 3.

Kirchhoff [29] zeigt, daß die Betrachtungsweise für den Mittenbereich der Sicken auch auf den Bereich des Sickenauslaufs angewendet werden kann. Hierbei ist die Änderung der Richtung
der Hauptspannungen zu beachten. Somit läßt sich für den Sickenauslauf an geschlossenen Halbrundsicken bei $r_a = r_{st}$ mit

$$\sigma_1 = \sigma_1, \quad \sigma_2 = \sigma_t, \quad \sigma_3 = \sigma_r$$

die Fließbedingung analog Gl. (3) zu

$$\sigma_1 = 2\, k_f \,/\, \sqrt{3} \tag{4}$$

angeben.

Im Versagensgebiet des Sickenprofils kommt es zu einer Einschnürung des Werkstoffs senkrecht zur Hauptspannung σ_t im
Mittenbereich der Sicke bzw. σ_1 im Sickenauslauf. Das Versagen
des Werkstoffs tritt ein, wenn der Umformgrad bei Gleichmaßformänderung in Blechdickenrichtung φ_{rg} erreicht ist [26].
Wird das Verhältnis der Hauptspannungen mit c bezeichnet, so
erhält man nach Mäde und Deh [30] unter Verwendung der Fließ-
kurvenapproximation für unlegierten Stahl und Aluminium

$$\sigma_v = k_f = a\, \varphi_g^{\,n} \tag{5}$$

den Vergleichsumformgrad im Falle der Gleichmaßformänderung zu

$$\varphi_{vg} = n\, \frac{\sqrt{1 + c^2} - c}{1 - c/2} \tag{6}$$

Im Falle der freien Umformung gilt für isotrope Werkstoffe

$$c = \frac{\sigma_1}{\sigma_t} = 0{,}5,$$

womit sich aus Gl. (6)

$$\varphi_{vg} = \varphi_{rg} \approx n \tag{7}$$

ergibt.

Bei der Herstellung einer Sicke ohne seitliches Nachfließen
des Werkstoffs kann demnach eine maximale Formänderung in
Blechdickenrichtung von der Größe des im Zugversuch ermittelten
Umformgrads bei Gleichmaßdehnung φ_g nicht überschritten wer-

den. Aus Gl. (7) ist jedoch nicht direkt die Grenze des Verfahrens festzulegen. In der praktischen Anwendung interessiert meist nur, welche Sickentiefe h bei gegebener Werkzeuggeometrie und gegebener Werkstoffqualität zu erreichen ist.

Aus der Sickengeometrie ist die Sickentiefe nach der Beziehung [26]

$$h = [\frac{a_1}{2} - (r_z + r_{St} + s_o)\bar{a}] \cdot \sin\alpha + (r_z + r_{St} + s_o)(1-\cos\alpha) \quad (8)$$

zu berechnen, mit a_1 als gestreckte Länge des Sickenquerschnitts und mit α als Umschlingungswinkel des Bleches am Stempel- bzw. Ziehkantenradius. Die Größe von a_1 kann aus einem mittleren tangentialen Umformgrad

$$\varphi_{tm} = \ln \frac{a_1}{a_o} \quad (9)$$

für eine Sickenbreite a_o bestimmt werden, da der mittlere tangentiale Umformgrad φ_{tm} unter der Voraussetzung $\varphi_r = \varphi_t$ nach Gl. (7) nie größer sein kann als der Umformgrad bei Gleichmaßdehnung φ_g. Gl. (8) hat den Nachteil, daß mit dem Umschlingungswinkel α gerechnet wird, der nur aus der vorgegebenen Sickengeometrie zu bestimmen ist.

Matwejew [31] berechnet ausgehend von einem höchstzulässigen Winkel α_E, der aus dem Tiefungsversuch nach Erichsen (DIN 50101) zu bestimmen ist, einen größten Winkel α_{max} zu

$$\alpha_{max} = \alpha_E [1 + 1,5 \cdot s_o (\frac{1}{r_{St}} - 0,1)] \quad (10)$$

Daraus ermittelt Matwejew [32] die größte erreichbare Sickentiefe von rillenförmigen Vertiefungen nach der Gleichung

$$h = \frac{a_o}{2} \tan\alpha_{max} + 2 \cdot r_{St}(1 - \frac{1}{\cos\alpha_{max}}) . \quad (11)$$

Für die praktische, schnelle Ermittlung der Sickentiefe ist es vorteilhaft, direkte Angaben aus der Werkzeuggeometrie in Verbindung mit den Werkstoffkennwerten zu erhalten. Aufgrund experimenteller Untersuchungen an offenen Halbrundsicken mit Stempelradien von r_{St} = 8 bis 16 mm und Ziehkantenradien von

r_z = 3 bis 16 mm bei unterschiedlichen Blechdicken gibt Petzold [25] einen linearen Zusammenhang zwischen Stempelradius,
Ziehkantenradius, Gesenkweite und erreichbarer Sickentiefe
an. Als Ergebnis dieser Überlegungen wird eine Formel zur Berechnung der erreichbaren Sickentiefe aus dem Verfestigungsexponenten n des Werkstückwerkstoffs und der Gesenkweite a_o genannt [26, 33]:

$$h_{max} = c \ n \ a_o \qquad \qquad (12)$$

mit c = 1,5 für Stahlwerkstoffe
und c = 1,1 für Kupfer und Aluminium.

Im Schrifttum liegen neben den dargestellten Berechnungsmög-
lichkeiten für die Sickentiefe empirische Geometrieempfehlungen
für Halbrundsicken vor, die fertigungstechnische Verfahrensgrenzen im Zusammenwirken von Stempelradius, Ziehkantenradius,
Gesenkweite, Blechdicke und Sickentiefe zum Teil unter Berücksichtigung des Werkstückwerkstoffs beinhalten [24, 34 bis 36].

Die Formänderungen in hohlgeprägten Sickenprofilen werden von
Oehler und Garbers [14, 20] beschrieben. Im wesentlichen läßt
sich erkennen, daß bei der Verwendung von größeren Ziehkantenradien die Formänderungen im Sickenquerschnitt gleichmäßiger
verteilt sind und bei gleicher Sickentiefe geringer sind. Der
Unterschied zwischen Sicken, die mit bzw. ohne Nachfließen des
Werkstoffs hohlgeprägt wurden, ist unerheblich. Nach Spangenberg [37] soll der Übergang vom Stempelende in die Blechebene
möglichst gleichmäßig erfolgen, da in diesem Bereich meist zwei-
achsige Maximalspannungen zu erwarten sind, die sich bei hoher
Beanspruchung negativ auf das Bauteilverhalten auswirken.

Travis [38] untersuchte den Verlauf der Formänderungen in
Blechdickenrichtung beim Hohlprägen von geschlossenen Halbrundsicken mit kugeligem Stempelende für unterschiedliche Stempelradien bei gleichbleibendem Ziehkantenradius und konstanter
allseitiger Einspannung. Danach tritt in der Flanke des Sickenquerschnitts beim Hohlprägen ohne Schmierstoff ein Umformgrad in Blechdickenrichtung von φ_r = - 0,15 auf, während an

den Sickenenden in der Nähe der Stempelrundung Umformgrade von
$\varphi_r = - 0{,}40$ erreicht werden. Bei weiterer Umformung setzt an
der letztgenannten Stelle der Bruch des Werkstoffs ein. Bei
Verwendung eines Schmierstoffs nehmen die erreichbaren Formänderungen ohne Versagen des Werkstoffs insbesondere bei größeren Stempelradien um ca. 20 % zu.

Hinsichtlich der Lage des Risses am Werkstück zeigten Versuche
von Kirchhoff [29, 39] an geschlossenen Dreieck- bzw. Trapezsicken, daß ein Versagenskriterium für den Ort des Risses eindeutig aus der Geometrie des Werkzeugs bestimmt werden kann.
Die Beziehung

$$\varkappa = \frac{L_M - l_{St}}{a_o - b_s} \tag{13}$$

mit $\quad L_M \quad$ lichte Matrizenlänge

$\quad l_{St} \quad$ Stempellänge

$\quad a_o \quad$ Sickenweite

$\quad b_{St} \quad$ Stempelbreite

ist als ein solches Versagenskriterium anzusehen.

In einem Bereich $1{,}5 < \varkappa < 2{,}5$ tritt der Riß nur im Längsbe-
reich der Sicke auf, ohne daß der Sickenauslauf beeinflußt
wird. Das Werkstoffversagen beginnt bei $\varkappa < 1{,}5$ aufgrund einer
ungünstigen Dimensionierung im Sickenauslauf. Außerdem stellte
Kirchhoff fest, daß beim Hohlprägen ohne Werkstoffnachfließen
eine Rißbildung auch bei großen Biegeverhältnissen Werkzeugradius zu Blechdicke im Überlagerungsbereich der Streckzieh-
und Biegebeanspruchung auftritt. Der Versagensort liegt
am kleinsten Werkzeugradius. Bei gleichem Stempel- und Ziehkantenradius versagt der Werkstoff bei Dreieck- und Trapezsicken immer am Stempelradius, da hier der belastete Querschnitt am kleinsten ist.

Die größten Formänderungen über den Abwicklungen einer Sicke
treten bei der Querabwicklung in den Biegeradien r_z bzw. r_{St}
und in den Übergangszonen zwischen Biegezone und werkzeugfrei-
em Bereich und bei der Längsabwicklung im Stempelauslaufradius
auf. Bei der Querabwicklung können die Formänderungen im

sickenumgebenden Bereich vernachlässigt werden. Im Sickenauslauf
ist von Bedeutung, daß das im Stempelauslaufradius auftretende Formänderungsmaximum zum Ziehkantenradius hin gegen Null
abfällt. Kirchhoff zieht daraus den Schluß, daß beim Sickenauslauf nicht der Ziehkantenradius, sondern die Stempelaus-
laufgestaltung von entscheidendem Einfluß ist.

Das Erreichen einer möglichst großen Sickentiefe beim Hohlprägen ist auch von der Anordnung der Sicken im Ziehteil abhängig. So sind bei der Anordnung der Sicken ein Mindestabstand
parallel zueinander oder zum Blechrand liegender Sicken sowie
der Abstand des Sickenendes vom senkrecht dazu verlaufenden
Rand zu beachten. Entsprechende Maße werden von Bremberger
[35] für ein Verhältnis Gesenkweite zu Sickentiefe $a_o/h = 4$
bis 6 in Diagrammen aufgezeigt. Richtwerte für die genannten
Abstände sind außerdem bei Rogge [24] zu finden.

Sickenabstände sollen möglichst so gewählt werden, daß zwischen den Sicken eine Streckung des Werkstoffs von 10 % nicht
überschritten wird [19]. Bei Ziehteilen ist zu beachten, daß
für das Hohlprägen der Sicken das Formänderungsvermögen des
Werkstoffs noch ausreicht [23].

1.3   Kraftbedarf

Für die Beurteilung der Gestaltung der Versteifungssicken sowie zur Auswahl der Umformmaschine unter Berücksichtigung der
betrieblichen Möglichkeiten und bei der Werkzeugauslegung
selbst ist man auf eine Vorausbestimmung der erforderlichen
Umformkraft angewiesen.

In [21, 22] wird für die Berechnung der Stempelkraft die Gleichung

$$F_{St} = A \, p \tag{14}$$

angegeben. Dabei ist A das Produkt aus Stempelumfang U_{St} und
Ausgangsblechdicke s_o. Als Größe p wird für das Hohlprägen mit
offenem Werkzeug die Zugfestigkeit des Werkstoffs R_m eingesetzt.
Gl. (14) hat den entscheidenden Nachteil, daß nur die benötig-
te Höchstkraft bei Erreichen der größten Sickentiefe berechnet

werden kann. Dies reicht in der praktischen Anwendung aber
oft als Abschätzung der Umformkraft aus.

Zwischenwerte in Abhängigkeit der Sickengeometrie können nach
Haas [23] mit

$$F_{St} = U_{St} \; s_0 \; R_m \; \cos\gamma \tag{15}$$

ermittelt werden. An Halbrund-, Dreieck- und Trapezsicken beschreibt der Winkel γ die Neigung der Sickenflanken zur re-
sultierenden Kraft in Richtung der Stempelbewegung.

Kann beim Hohlprägen der Sicke kein Werkstoff aus der Blechebene nachfließen, entsteht die Sicke aus einer tangentialen
Dehnung des Werkstoffs und einer damit verbundenen Blechdickenabnahme im umgeformten Bereich. Diese Werkstoffbeanspruchung
bildet die Grundlage der folgenden Umformkraftberechnung.

Petzold [25, 40] berücksichtigt bei der Stempelkraftberechnung
für offene Sicken zusätzlich die Verringerung der Blechdicke
und die Verfestigung des Werkstoffs während des Umformvorgangs,
somit ergibt sich:

$$F_{St} = 2 \cdot l_{St} \; s_o \; e^{-\varphi_{tm}} \; 1{,}15 \cdot k_f \; \cos\gamma . \tag{16}$$

Die Erfassung der Blechdickenminderung und die Ermittlung der
Fließspannung k_f aus der Fließkurve des Werkstückwerkstoffs
erfordert die Berechnung des mittleren tangentialen Umformgrades φ_{tm} (vgl. Abschnitt 1.2). Die Werte nach Gl. (16) liegen
bei größeren Sickentiefen maximal 20 % unter den experimentell
bestimmten Kräften. Um sicher zu gehen, sollte man die nach
Gl. (16) erhaltenen Werte, zumindest bei größeren Sickentiefen,
mit dem Faktor 1,2 multiplizieren [40].

Kluge [41] geht davon aus, daß die an Halbrundsicken gewonnenen
Ergebnisse nicht auf trapezförmige Sicken übertragbar sind. Auf
Grundlage der Gl. (13) wird eine Beziehung für eine Stempelkraftberechnung für trapezförmige offene Sicken angegeben, wenn
keine Fließkurve des zur Verarbeitung kommenden Werkstoffs vorliegt. Nach Panknin und Shawki [42] kann die Fließkurve für
weiche unlegierte Stahlbleche durch die Gleichung

$$k_f = a \; \varphi_g^{\,n} = \left(\frac{e}{n}\right)^n \cdot R_m \cdot \varphi_g^{\,n} \tag{17}$$

beschrieben werden.

Gl. (17) in Gl. (16) eingesetzt, ergibt

$$F_{St} = 2 \cdot l_{St} \; s_o \; 1,15 \cdot \frac{\varphi_{tm}^{\,n}}{e^{\varphi_{tm}}} \left(\frac{e}{n}\right)^n R_m \cos\gamma. \tag{18}$$

Zur Vereinfachung der Anwendung wird in Gl. (18) der Ausdruck

$$1,15 \; \frac{\varphi_{tm}^{\,n}}{e^{\varphi_{tm}}} \left(\frac{e}{n}\right)^n = y_c \tag{19}$$

gesetzt.

Für die Verfestigungsexponenten n = 0,16 bis 0,24 ist der Faktor y_c Bild 6 zu entnehmen.

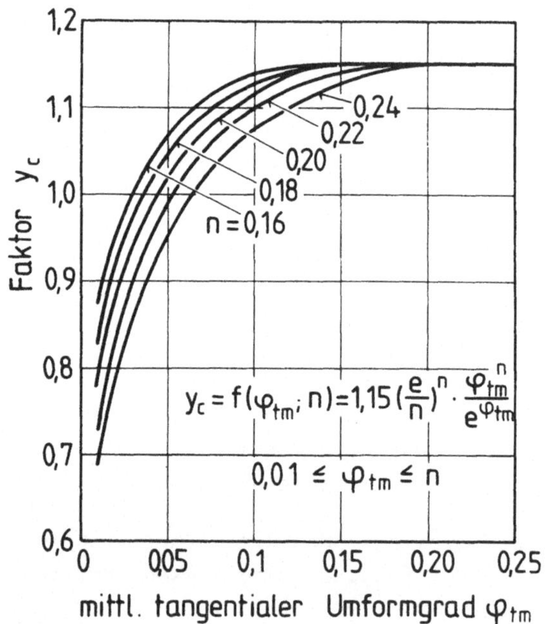

Bild 6: Faktor y_c abhängig vom mittleren tangentialen Umformgrad φ_{tm} und vom Verfestigungsexponent n [41].

Die Kraftberechnung kann dann nach

$$F_{St} = 2 \cdot l_{St}\, s_o\, y_c\, R_m\, \cos\gamma \tag{20}$$

vorgenommen werden.

Die nach Gl. (18) bzw. (20) berechneten Stempelkräfte gelten für offene Sicken. Für geschlossene Sicken muß bei Erreichen der größten Sickentiefe h_{max} eine um ca. 15 % höhere Stempelkraft einkalkuliert werden [41].

1.4 Versteifungswirkung und Belastbarkeit

Das Hauptanwendungsgebiet einer direkt in das Blech bzw. in ein aus Blech gefertigtes Bauteil eingebrachten Sicke ist die Funktion als Versteifungselement. Die Versteifungswirkung einer Sicke hängt in entscheidendem Maße von der Form des Sickenquerschnitts ab. Im Schrifttum wurde der Einfluß der Profilform von Sickenleisten auf die Steifigkeit von Blechen von Kienzle, Oehler, Garbers, Schachtel, Spangenberg u. a. [6, 7, 8, 10, 11, 14, 20, 37, 44 bis 49] behandelt. Kienzle, Spangenberg und Schmalenbach [50, 51, 13] berichten über die Versteifung von Blechmänteln durch Sicken.

Die Wirkung einer Sicke kann entweder durch die Belastbarkeit der Sicke oder durch die Versteifungswirkung der Sicke beurteilt werden. Die Belastbarkeit wird durch eine äußere Kraft auf die Sicke, durch die bleibende Formänderungen (Erreichen der Streckgrenze) im Sickenprofil hervorgerufen werden, gekennzeichnet. Die Versteifungswirkung wird durch die elastische Durchbiegung der Sicke bei einer gegebenen äußeren Kraft bzw. einem gegebenen Moment charakterisiert. Bei gleichbleibendem Werkstoff ist als Maß für die Belastbarkeit das Widerstandsmoment und für die Versteifungswirkung das Trägheitsmoment des belasteten Sickenquerschnitts anzusehen [50].

Das Widerstandsmoment bzw. Trägheitsmoment einer Sicke ist umso höher, je tiefer die Sicke bei gegebener Blechdicke ist. Neben der Blechdicke ist grundsätzlich die Sickentiefe der alles überragende Parameter zur Erreichung eines großen Trägheits- und Widerstandsmoments.

Versteifungswirkung

Bei den Sickenformen haben diejenigen die höchste Versteifungswirkung, deren Flächenelemente am weitesten entfernt von der
Schwerlinie durch den Flächenschwerpunkt rechtwinklig zur
Belastungsrichtung angeordnet sind. Daher haben bei gleichem
Werkstoffverbrauch kantige Hut- bzw. U-Profile größere Trägheitsmomente als abgerundete oder schräge Formen [46]. Aus
fertigungstechnischer Sicht ist eine runde Querschnittsform
für hohlgeprägte Sicken allerdings von Vorteil. Der Nachteil
in der Versteifungswirkung kann jedoch durch eine etwas größere Tiefe und eine gleichmäßigere Werkstoffverteilung über
dem Sickenquerschnitt bei einem geringen Mehr an Werkstoff aus-
geglichen werden. Ein der Schwerlinie symmetrisches Profil
erbringt optimale Versteifungswerte. Auf die Halbrundsicke
übertragen, bedeutet dies ein Profil mit gleicher Stempel- und
Ziehkantenrundung bei einer Gesamtbreite gleich der Gesenkweite.

Für die Versteifung von Platten ist eine optimale Zahl von
Versteifungsrippen zu ermitteln. Kienzle [7] nennt als Richt-
wert: Bei gegebener Blechbreite und einer bestimmten Sickentiefe erzielt man die beste Versteifung, wenn alle Sicken zusammen etwa halb so breit sind wie die ganze Platte. Wegen des
überragenden Einflusses der Sickentiefe versteifen wenige hohe
Sicken besser als viele niedrige Sicken [46].

Für die geometrische Anordnung der Versteifungssicken in einem
ebenen Blech oder in einem Ziehteil bieten sich viele Möglichkeiten. Jedoch muß man sich bei der Anordnung der Sicken über
die Tragfähigkeit der Konstruktion als Ganzes ein klares Bild
verschaffen, um die Sicken je nach Art der Belastung anzuord-
nen. Eine Versteifungssicke an ungünstiger Stelle kann bei
einer Biegebeanspruchung ein elastisches Durchbiegen sogar be-
günstigen oder überhaupt erst auslösen. Oehler [6, 14, 43, 53]
gibt daher für die Anordnung von Sicken drei wichtige Grund-
sätze an:

1. Trägheitsbevorzugte Achsen sind zu vermeiden.
2. Es sollen keine unversteiften Randgebiete entstehen.
3. Es müssen Knotenpunkte sich kreuzender Sicken vermieden
   werden.

Im allgemeinen wird dort die beste Versteifung erreicht, wo
die Gestaltung des Sickenverlaufs am stärksten vom äußeren Umfang des Bleches oder des Blechteiles abweicht. Die Frage der
optimalen Versteifung eines Bauteils ist aber immer mit den
Möglichkeiten der Fertigungstechnik abzustimmen.

Untersuchungen zur rechnerischen Bestimmung der Trägheitsmomente ergaben für alle verwendeten Berechnungsverfahren Werte, die
wesentlich höher lagen als die im Versuch ermittelten [52].
Aufgrund der Berechnung wird die Versteifungswirkung von Sicken
vielfach überschätzt. Oehler und Draeger [6] zeigen, daß über die
Rechnung für aufgesetzte Sickenleisten, die durch Biegen hergestellt wurden, ein   Anhalt über den Widerstand des versteiften Bauteils gegenüber Biegebeanspruchung zu bekommen ist. Bei
eingeprägten Sicken, die eine Blechdickenminderung im Sickenquerschnitt aufweisen, ermöglicht die Berechnung nur einen ganz
groben Überblick über das Steifigkeitsverhalten. Zur genauen
Bestimmung der Versteifungswirkung sollte deshalb immer der
Versuch herangezogen werden.

Garbers und Gessner [10] weisen nach, daß mit Hilfe der Faltwerktheorie[1] eine geringere Abweichung der berechneten zu den
gemessenen Werten erreicht werden kann als unter Verwendung der
Stabtheorie, wenn ein trapezförmig gesickter Blechstreifen unter
Biegebeanspruchung betrachtet wird. Die Verbesserungen sind dadurch gegeben, daß die Spannungsverteilung im Querschnitt des
gesickten Blechstreifens zum Teil beträchtlich von der Verteilung abweicht, die nach den Annahmen der elementaren Stabtheorie
zu erwarten ist. Es wird aber darauf hingewiesen, daß die Anwendung der Faltwerktheorie für die Praxis einen erheblichen
Aufwand darstellt.

---

[1] Unter einem Faltwerk wird ein räumliches Flächentragwerk verstanden, das aus dünnen ebenen Platten besteht. Flächentragwerke sind dünnwandige, nach Flächen geformte Traggebilde [68].

Oehler und Garbers [20, 45] untersuchten an Sickenstreifen
unter Berücksichtigung der Profilähnlichkeit über eine Betrachtung der Durchbiegung den Einfluß der Stützweite und der Blechdicke auf die Abweichungen von der theoretischen Biegesteifigkeit. Für Rechteck-, Trapez- und Halbrundprofile nehmen die
Abweichungen zwischen den aus der idealen Querschnittsfläche
berechneten und den experimentell ermittelten Werten mit abnehmender Stützweite und mit abnehmender Blechdicke beträchtlich
zu. Die zunehmende Abweichung von der Theorie mit steigender
Profilhöhe führt dazu, daß für Verhältnisse h/b > 0,5 entgegen
den Aussagen der elementaren Theorie praktisch kein Ansteigen
der Versteifungswirkung zu verzeichnen ist. Garbers zieht aus
seinen Untersuchungen folgende Schlußfolgerungen, die die vorgenannten grundsätzlichen Gestaltungsrichtlinien ergänzen:

1. Das Verhältnis h/b ist nicht größer als 0,5 zu wählen.
2. Das Verhältnis s_o/b sollte den Wert 0,01 überschreiten.
3. Das Verhältnis Stützweite L zu Profilbreite b sollte insbesondere bei höheren und dünnwandigen Profilen > 10 sein.
4. Bei höheren Profilen sollten die Gurte an der offenen
   Seite des Profils breiter gemacht werden als an der geschlossenen Seite.
5. Die zu erwartenden Abweichungen sind durch angegebene
   Korrekturfaktoren zu berücksichtigen.

Schachtel und Gut [46 bis 48, 54] bieten für Halbrundsicken und
deren Kombinationen durch die Beschränkung der Sickengeometrie
auf Sonderfälle vereinfachte Berechnungsansätze zur Bestimmung
der Versteifungswirkung an. Diese Ansätze erscheinen für die
Berechnung regelmäßiger Wellprofile als geeignet.

<u>Belastbarkeit</u>

Die Grenze der Belastbarkeit einer Sicke ist erreicht, wenn
unter einer äußeren Kraft eine bleibende Formänderung im Sickenprofil auftritt. Das Erreichen der Streckgrenze bestimmt demnach die Belastbarkeit des Sickenprofils. Das Umformverfahren,
mit welchem die Sicke eingebracht wird, beeinflußt die Streckgrenze des Werkstoffs. Das Schrifttum weist verschiedentlich
auf die Wanddickenminderung im Sickenquerschnitt bei gleichzei-

tiger Verfestigung und Versprödung des Werkstoffs hin. Oehler
und Draeger [6] stellten fest, daß die rechnerische Ermittlung
der Belastbarkeit von gewalzten und hohlgeprägten Sicken, deren Querschnitte einer Verfestigung unterworfen sind, nur annähernd die tatsächlichen Gegebenheiten trifft.

Die Verfestigung des Werkstoffs bringt bei statischer Belastung
Vorteile hinsichtlich der Belastbarkeit, bei dynamischer Belastung birgt sie jedoch die Gefahr des Sprödbruchs durch Kerb-
wirkung.

<u>Zusammenfassung</u>

Zur Klärung der Probleme der Sickenherstellung durch Hohlprägen
und zur Vorherbestimmung der Versteifungswirkung von Sicken
wurden verschiedene wissenschaftliche Untersuchungen durchgeführt. Aus fertigungstechnischer Sicht sind zwei Arbeiten her-
vorzuheben: Petzold [25] untersuchte an geradlinig verlaufenden
offenen Halbrundsicken die Möglichkeiten der rechnerischen Ermittlung der Verfahrensgrenzen und des Stempelkraftbedarfs.
Kirchhoff [29] ergänzte diese Ergebnisse, indem er die Berechnung der Verfahrensgrenze auf geschlossene Trapez- und Dreieck-
sicken anwendete. Außerdem erweiterte er die Untersuchungen auf
gekrümmte Sicken.

Die Steifigkeit und Tragfähigkeit von Sicken und Sickenleisten
wird von Oehler und Garbers beschrieben [20]. Die Ergebnisse von
Steifigkeitsberechnungen an Sicken spiegeln immer eine bessere
Versteifungswirkung vor als tatsächlich vorliegt.

Für die weitere Bearbeitung der Problemstellung der Versteifungs-
sicke bleiben folgende Punkte zur Klärung offen:
- Übertragbarkeit der Erkenntnisse auf geschlossene Halbrund-
  sicken
- Gestaltung des Sickenauslaufs
- Vorherbestimmung der Versteifungswirkung
- Beeinflussung der Versteifungswirkung durch fertigungstechni-
  sche Parameter
- Anwendung der Ergebnisse auf Mehrfachsicken und Sicken im Bo-

den von Ziehteilen.

An diesen Hauptpunkten setzt die vorliegende Arbeit an, deren Ziele in Kap. 2 näher erläutert werden.

2 Ziel der Untersuchung und Aufgabenstellung

Die durchzuführenden Untersuchungen haben im Hinblick auf die wachsende Bedeutung versteifter Blechteile zum Ziel, Unterlagen zur wirtschaftlichen Herstellung von Versteifungssicken bereitzustellen. Dies beinhaltet zum einen die fertigungstechnische Problemstellung und zum anderen den damit verbundenen Einfluß auf die Versteifungswirkung des Sickenprofils.

Den Bereich der durchlaufenden Sicken ausgenommen, liegen über die technische Verwirklichung von geschlossenen Sicken nur wenige wissenschaftlich ermittelte Ergebnisse vor. Die industrielle Fertigung beschränkt sich weitgehend auf empirische Erkenntnisse.

Zur Einschränkung des Versuchsumfanges wurde eine Sicke mit halbrundem Querschnitt gewählt, da sie für das Hohlprägeverfahren am geeignetsten erscheint.

2.1 Experimentelle Untersuchungen

Im Vordergrund des ersten Teils der Untersuchungen soll die erreichbare Sickentiefe ohne Werkstoffversagen in Abhängigkeit vom Stempelradius, vom Ziehkantenradius, von der Form des Sickenauslaufes, vom Schmierstoff und vom Versuchswerkstoff stehen, da von der Sickentiefe die Steifigkeit eines Sickenprofils in erster Linie abhängt.

Im Zusammenhang mit dem Tiefen des Sickenprofils erfährt der Werkstoff, wenn eine Umformung bei Raumtemperatur vorausgesetzt wird, in seinem Querschnitt eine Dickenabnahme bei einer gleichzeitigen Verfestigung. Beide Faktoren hängen ursächlich von den Biegeradien an den Werkzeugkanten sowie von den Möglichkeiten des Nachfließens des Werkstoffs aus angrenzenden Bereichen des Bleches ab. Außerdem spielt dabei der Werkstoffbedarf der Sicke eine Rolle. Die auftretende Wanddickenminderung beeinflußt die Versteifungswirkung des Sickenprofils.

Zur Erzielung optimaler Abmessungen von geschlossenen Halbrundsicken soll eine Formänderungsanalyse durchgeführt werden.

Die Formänderungsanalyse, die für die kleinen Sickenabmessungen ein geringes Auflösungsvermögen besitzt, soll durch eine Bestimmung des Härteverlaufs im Sickenquerschnitt verbunden mit einer Folgerung auf die Formänderungsverteilung ergänzt werden. Die erforderliche Stempelkraft bei gegebener Sickengeometrie und gegebenem Versuchswerkstoff ist außerdem Gegenstand der Untersuchung.

Neben der fertigungstechnischen Gestaltung der geschlossenen Halbrundsicke ist ihre Versteifungswirkung ein zweiter Aspekt der Untersuchung. Bei gegebener Blechdicke ist die Sickentiefe die überragende Einflußgröße auf das Steifigkeitsverhalten der Sicke. Daher muß der Variation der Sickentiefe besondere Aufmerksamkeit geschenkt werden. Von Interesse ist zudem der Einfluß der Werkzeugradien, der Wanddickenminderung und der Platinenbreite auf die Versteifungswirkung der Sicke. Dazu werden durch die Messung der Durchbiegung des Sickenprofils bei einer bestimmten Kraft weiterführende Erkenntnisse erwartet.

Die experimentellen Untersuchungen sollen durch die Anwendung der beiden Verfahren Hohlprägen ohne Nachfließen des Werkstoffs (ohne WNF) und Hohlprägen mit Nachfließen des Werkstoffs (mit WNF) möglichst alle Randbedingungen der Herstellung von geschlossenen Halbrundsicken umfassen.

2.2 <u>Rechnerisch-theoretische Untersuchungen</u>

Für die praktische Anwendung des Hohlprägens von Versteifungssicken ist die Vorherbestimmung von Sickentiefe, Kraftbedarf und die zu erzielende Versteifungswirkung von großer Bedeutung.

Die erreichbare Sickentiefe h_{max} und die erforderliche Stempelkraft F_{St} kann für offene Sicken mit Hilfe empirischer Ansätze ermittelt werden. Es ist nun zu prüfen, ob Ergebnisse und Annahmen, die zu diesen Gleichungen führten, auf geschlossene Halbrundsicken anzuwenden sind. Gegebenenfalls soll eine entsprechende Korrektur vorgenommen werden. Die Versteifungswirkung einer Sicke wird auf Grund der Rechnung meist über-

schätzt. Im Rahmen der vorliegenden Untersuchung soll durch
die Verwendung unterschiedlicher Berechnungsmethoden das Flächenträgheitsmoment der Sickenquerschnitte unter Berücksichtigung des Einflußfaktors Sickengeometrie betrachtet werden
mit dem Ziel, Gründe der Abweichung Rechnung zur tatsächlichen
Größe festzustellen.

Abschließend sollen die experimentellen und rechnerischen Ergebnisse an Mehrfachsicken und Sicken im Boden von Ziehteilen
auf ihre praktische Eignung hin überprüft werden.

3   Einzelsicke

Die umfassende systematische Untersuchung aller fertigungstechnischer Probleme und Abhängigkeiten beim Hohlprägen von geschlossenen Versteifungssicken bildete die Grundlage für weiterführende Untersuchungen, die die Anwendung, Anordnung und
Kombination von Einzelsicken betreffen. Parallel dazu wurde
die Versteifungswirkung aller gefertigter Sickenquerschnitte
ermittelt.

3.1   Versuchsplan und Versuchsdurchführung

Im Vordergrund der Überlegungen stand die Wahl der Sickenabmessungen, d. h. Stempelradius, Ziehkantenradius und Stempellänge für die durchzuführenden Untersuchungen. Die Stempellänge wurde dabei durch die Größe des Maschinenarbeitsraums und
damit durch die maximal einsetzbare Werkzeugabmessung begrenzt.
Durch den Einsatz eines offenen Werkzeugs war die Sickentiefe
frei einstellbar. Die Zahl der Werkzeugeinsätze wurde durch die
Beschränkung der Versuche auf eine Ausgangsblechdicke s_o= 1 mm
begrenzt.

Aus dem Schrifttum ist ersichtlich, daß die Sickenlänge keinen
Einfluß auf die erreichbare Sickentiefe ausübt, wenn die Be-
dingung h << l_{St} eingehalten wird. In die Kraftberechnung geht
die Sickenlänge bzw. die Länge des belasteten Querschnitts
linear ein. Auf Grund dieser Voraussetzungen wurde die Stempellänge für alle Werkzeugkombinationen bei Einzelsicken mit
l_{St} = 200 mm = konstant gehalten.

Die Bemessung der konturbestimmenden Werkzeugradien wurde in
Anlehnung an die Richtlinien von Kfz-Herstellern vorgenommen
(Tabelle 1). Als kleinster Stempelradius wurde r_{St} = 2,5 mm
gewählt, während der größte Stempelradius wegen der Einschränkung der zu erwartenden Sickentiefe auf r_{St} = 16 mm festgelegt
wurde. Stempel mit Radien von r_{St} = 4,0, 6,3, 10,0 mm bildeten
Zwischenstufen. Das Stempelende, das zusammen mit der umlaufenden Ziehkante die Form des Sickenauslaufs darstellt, wurde in
den grundlegenden Versuchen in Form einer Viertelkugel (Auslauf-

radius r_a = Stempelradius r_{St}) ausgebildet.

Tabelle 1: Zusammenfassung der Bemessungsrichtlinien von Kfz-Herstellern für Halbrundsicken (nach [34]).

Sickentiefe h	2	3	4
zul. Abweichung	± 0,5		
Stempelradius r_{St}	2,5	4	5
zul. Abw.	+ 1		
Ziehkantenradius r_z	1,6	2	2,5
zul. Abw.	+ 2		
Blechdicke s_0	0,6...1	0,8...1,2	1...1,5
Sickenauslauf-länge l_a	13	15	17
Stempelauslauf-radius r_a	25.......40		

(Angaben in mm)

Die obere Grenze des Verhältnisses Stempel-/Ziehkantenradius wurde mit $r_{St}/r_z = 1$ angesetzt, da größere Ziehkanten aus anwendungstechnischer Sicht für die Versteifungssicke nicht sinnvoll erscheinen. Dagegen fordern die Anwender oft Versteifungssicken mit möglichst kleinen Ziehkantenradien. Der kleinste Ziehkantenradius wurde deshalb durch den kleinsten inneren Biegehalbmesser r_{min} bestimmt, der bei der Kaltumformung von Blechen mit Rücksicht auf das Auftreten von Anrissen nicht überschritten werden soll. Für diesen Mindesthalbmesser gilt nach Oehler [55]

$$r_{min} = K \, s_o \, , \qquad (21)$$

worin s_o die Ausgangsblechdicke und der Faktor K eine Werkstoffkonstante ist, die bei Aluminium mit 0,3 und bei weichem Tiefziehstahlblech mit 0,5 anzusetzen ist. Für die vorliegende Untersuchung wurden Matrizen mit Ziehkantenradien von $r_z = 0,5$, 1,0, 1,6, 2,5, 4,0, 6,3, 10,0 mm gewählt. Ein fertigungstechnischer Schwerpunkt dieser Untersuchung war die Ermittlung der größten erreichbaren Sickentiefe h_{max} ohne Einschnürung oder

- 40 -

Bruch des Versuchswerkstoffs. Die Gesenkweite wurde zur Schaffung vergleichbarer Versuchsbedingungen auf $a_o = 2 (r_Z + r_{St} + s_o)$ beschränkt. Damit wurde in Kauf genommen, daß es nicht möglich ist, Stempel und Matrizen beliebig zu kombinieren, um bei gleichbleibenden Radien unterschiedliche Gesenkweiten zu erhalten.

Eine Zusammenstellung aller auf Grund der gewählten Radien möglichen Stempel-Matrizen-Kombinationen zeigt Bild 7 a.Bei geschlossenen Sicken ändert sich mit den Werzeugradien auch die Größe der Gesenkweite (Bild 7 b). Es ergeben sich hier Gesenkweiten von $a_o = 6$ mm bis 42 mm.

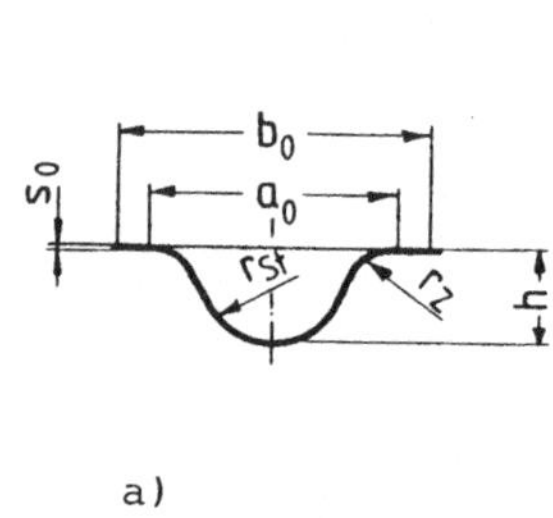

r_{St} [mm] \ r_Z [mm]	0,5	1,0	1,6	2,5	4,0	6,3	10,0
2,5	▨			▨			
4,0	▨	▨	▨	▨	▨		
6,3	▨			▨		▨	
10,0	▨	▨	▨	▨	▨	▨	▨
16,0	▨			▨			

a)

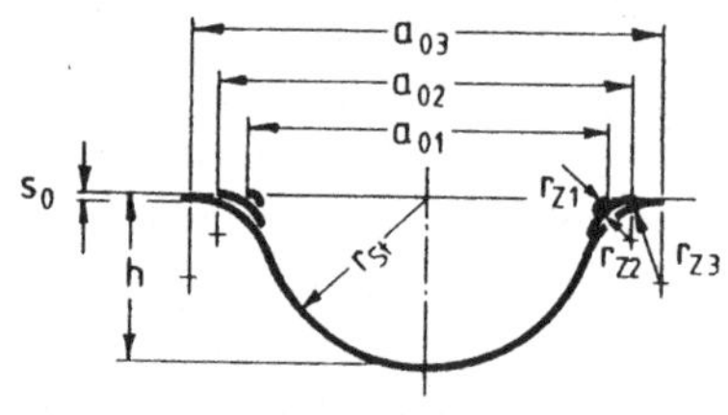

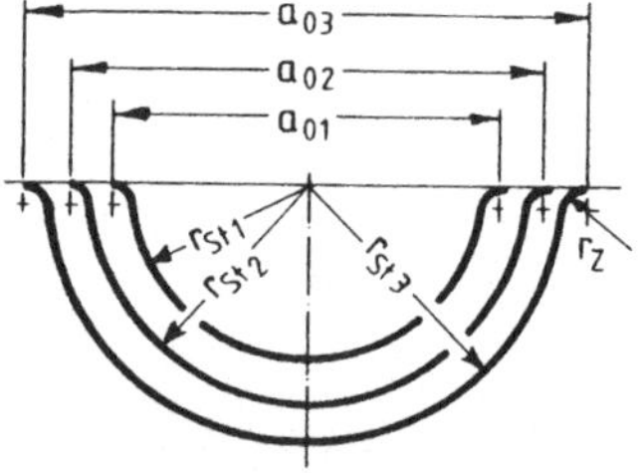

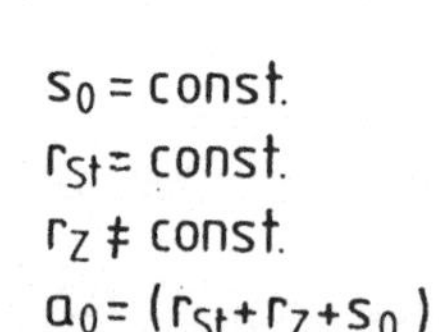

b)

Bild 7: a) Mögliche Stempel- und Ziehkantenkombinationen.

b) Abhängigkeit der Gesenkweite von den Werkzeugradien.

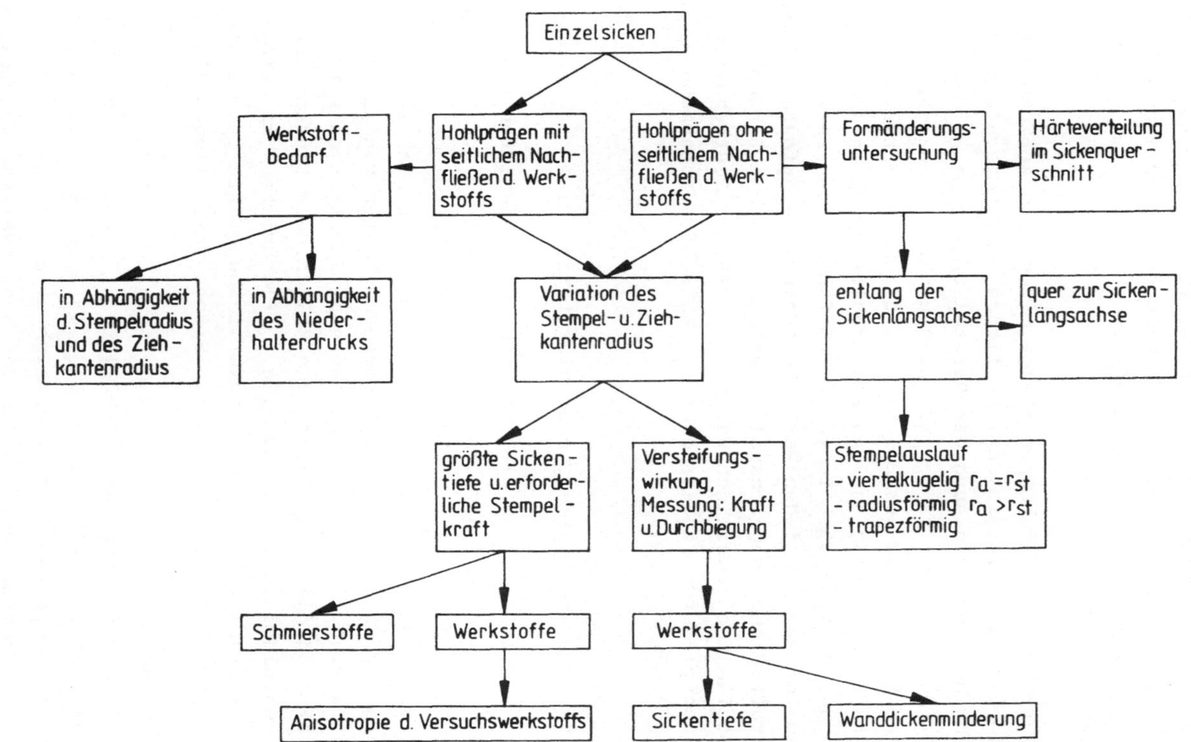

Bild 8: Versuchsplan für Einzelsicken

Der größte erforderliche Stempelweg, um die Sickentiefe bei Werkstoffversagen zu erreichen, kann mit Gl. (12) für offene Halbrundsicken errechnet werden, so daß für die größte Gesenkweite von a_o = 42 mm mit einem angenommenen Verfestigungsexponenten von n = 0,25 eine Sickentiefe von h = 15,75 mm zu erwarten ist.

Die 19 zur Verfügung stehenden Stempel- und Matrizenkombinationen sowie die variable Sickentiefe ließen eine umfassende Untersuchung der Beeinflussung des Herstellungsvorgangs und -ergebnisses durch die Verfahren Hohlprägen mit und ohne Nachfliessen des Werkstoffs aus der Blechebene, durch die Werkstoffeigenschaften, Schmierung und den Niederhalterdruck in Abhängigkeit von der Sickengeometrie zu. Zur Erfassung und Bewertung der Parameter war für jeden Versuchsvorgang die Aufnahme eines Stempelkraft-Stempelweg-Schaubilds erforderlich. Außerdem wurde die Stelle des jeweiligen Werkstoffversagens festgehalten. Der Versuchsplan für Einzelsicken ist in Bild 8 zusammengefaßt.

3.2 Versuchswerkstoffe und Schmierstoffe

Die Untersuchungen wurden mit Feinblech aus beruhigten Stählen nach DIN 1623 durchgeführt. Es handelte sich dabei um das Tiefziehblech St 1403 mit der Dicke 1 mm.   Die Versuche zu Sicken im Boden von Ziehteilen (s. Kap. 5) erforderten eine zweite Blechlieferung, die in ihren Umformeigenschaften von der ersten Lieferung abwich. Für das Hohlprägen von Einzelsicken wurde die Sickentiefe und die Stempelkraft zusätzlich beim Einsatz der naturharten Aluminiumlegierung AlMg 5, Blechdicke 1 mm, ermittelt. Diese Aluminiumlegierung findet insbesondere für Karosserieteile Verwendung, die nicht im Sichtbereich liegen [56].

Die Bestimmung der mechanischen Eigenschaften und der Fließkurve erfolgte mit Flachproben DIN 50114 - 20 x 80. Die Entnahme der Probenstreifen geschah unter 0 °, 45 ° und 90 ° zur Walzrichtung. Im einzelnen handelt es sich um die Kennwerte Zugfestigkeit, Streckgrenze, Gleichmaßdehnung, Verfestigungsexponent und senkrechte Anisotropie (Tabelle 2). Es zeigt sich,

Tabelle 2: Kennwerte der Versuchswerkstoffe.

Werkstoff	Winkel zur Walzrichtung	Zugfestigkeit R_m	Streckgrenze $R_p0,2$	Gleichmaßdehnung A_g	Verfestigungsexponent n	senkr. Anisotropie r
		N/mm^2	N/mm^2	%	–	–
St 1403	0°	312	168	35	0,24	1,69
1. Lieferung	45°	322	180	32	0,23	1,22
	90°	310	176	33	0,24	1,99
		$\overline{R_m} = 316\ N/mm^2$			$\overline{n} = 0,23$	
2. Lieferung	0°	342	284	30	0,20	–
	45°	347	293	29	–	–
	90°	341	291	28	–	–
		$\overline{R_m} = 344\ N/mm^2$				
AlMg 5	0°	289	140	21	0,32	0,69
	45°	276	138	26	0,32	0,79
	90°	279	142	25	0,31	0,86
		$\overline{R_m} = 280\ N/mm^2$			$\overline{n} = 0,32$	

$$\overline{R_m} = \frac{1}{4}\ (R_{m0°} + 2 \cdot R_{m45°} + R_{m90°}) \qquad \overline{n} = \frac{1}{4}\ (n_{0°} + 2 \cdot n_{45°} + n_{90°})$$

daß bei St 1403 die Richtungsabhängigkeit von R_m, $R_{p0,2}$, A_g und n nur gering ausgeprägt ist, lediglich r zeigt die erwarteten Unterschiede.

Die zweite Lieferung des St 1403 ist im Vergleich zur ersten gekennzeichnet durch eine höhere Streckgrenze, eine um ca. 9 % höhere Zugfestigkeit und einen um 16 % niedrigeren Verfestigungsexponenten. Dies wirkte sich während der Versuche durch höhere Stempelkräfte bei geringerer Sickentiefe aus. Ein Tiefungsversuch nach Erichsen (DIN 50101) mit beiden Werkstoffen zeigte diese Tendenz bereits auf.

Die Aluminiumlegierung AlMg 5 wies ebenso wie der Stahlwerkstoff nur im Anisotropiewert r eine Richtungsabhängigkeit auf.

Die Fließkurven der Versuchswerkstoffe aus dem Zugversuch sind in Bild 9 aufgetragen.

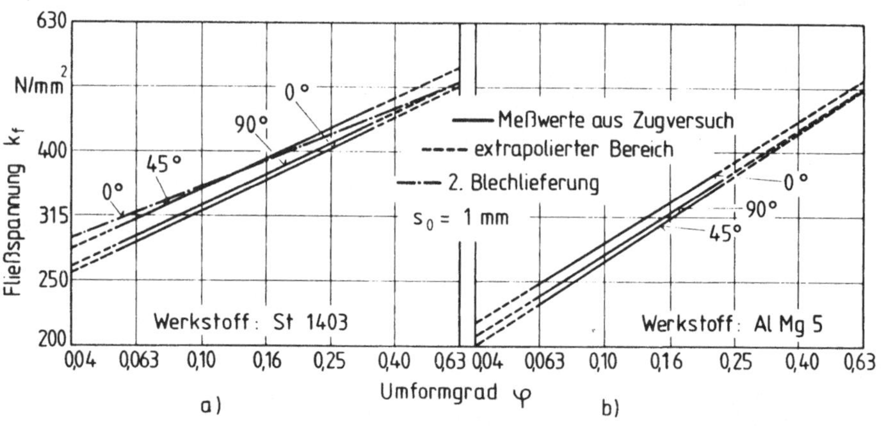

Bild 9: Fließkurven der Versuchswerkstoffe St 1403 und AlMg 5.

St 1403 liefert unter 45 ° zur Walzrichtung die höchsten Werte, während die Geraden für 0 ° und 90 ° nahezu auf gleicher Höhe liegen. Der n-Wert zeigt keinen Unterschied. Dagegen kann deutlich der kleinere Verfestigungsexponent bei insgesamt hö-

Tabelle 3: Schmierstoffe.

	Werkstoff St 1403					AlMg 5
Schmierstoffart	flüssig	flüssig	fest	fest	fest	flüssig
auf der Basis von	Mineralöl	Mineralöl	Polyäthylen	Polyäthylen	PTFE	Mineralöl
beschreibende Eigenschaft	Viskosität	Viskosität	Foliendicke	Foliendicke	Foliendicke	Viskosität
Spezifikation	Platinol R 2 120 mm²/sec bei 20°C dünnflüssig	Platinol BZK 4 4500 mm²/sec bei 20°C dickflüssig	Ruba-Fix weiß s = 60 µm Schutzfolie	Ruba-Fix blau s = 80 µm Ziehfolie	Teflonfolie s = 50 µm Ziehfolie	Platinol V 281/75 65 mm²/sec bei 20°C dünnflüssig
Hersteller	Fa. Georg Oest Mineral- ölwerk, Freudenstadt		Fa. Chemiezell GmbH, Pulheim /Köln		Fa.Carl Huth, Bietigheim	Fa. Georg Oest, Freudenstadt

herer Fließspannung für die zweite Blechlieferung bestätigt
werden.

Aus dem Vergleich von St 1403 und AlMg 5 läßt die Aluminiumlegierung bei höherem n-Wert und niedrigeren k_f-Werten geringere Sickentiefen und Stempelkräfte erwarten. Die größten
Fließspannungen sind bei Probenlage 0 ° zur Walzrichtung zu
erkennen (vgl. [57]).

Der Einfluß von Schmierstoffen auf das Ziehergebnis, d. h.
Sickentiefe, Stempelkraft und Formänderungsverteilung, wurde
ausgehend von ungeschmierten Proben,durch die Verwendung eines
niedrigviskosen Ziehöls, eines hochviskosen Ziehöls und aufge-
klebter bzw. aufgelegter Ziehfolien beim Hohlprägen von St 1403
untersucht. Der Aluminiumwerkstoff wurde bei allen Versuchen
mit einem niedrigviskosen Ziehöl geschmiert. Die wichtigsten
Eigenschaften der Schmierstoffe und Folien sind in Tabelle 3
angegeben. Die verwendeten Ziehöle für die Blechumformung sind
handelsüblich.

3.3   Versuchswerkzeug und Umformmaschine

Mit Rücksicht auf die große Zahl der zu untersuchenden Parame-
tern und die davon abhängende Zahl der Hohlprägevorgänge standen bei der Planung des Versuchswerkzeugs die Möglichkeiten
einer schnellen Umrüstung von Stempel, Niederhalter und Matrize sowie einer schnellen und sicheren Einspannung der Platine
im Vordergrund. Die Verfahrensvariante Hohlprägen ohne Nachfließen des Werkstoffs erfordert eine definierte Klemmung der
Platine an ihren Rändern. Zur Messung der reinen Stempelkraft
war es notwendig, Stempel und Niederhalter völlig voneinander
zu trennen. Außerdem sollte der Umbau des Versuchswerkzeugs
von Einzelsicken auf drei parallele Sicken mit möglichst geringem Aufwand vor sich gehen. Bild 10 stellt den Aufbau des
Versuchswerkzeugs für Einzelsicken vor, das die vorgenannten
Forderungen erfüllt.

Das Werkzeug war in ein Grundgestell mit Zweisäulenführung eingebaut. Vier piezo-elektrische Kraftaufnehmer mit einer größten

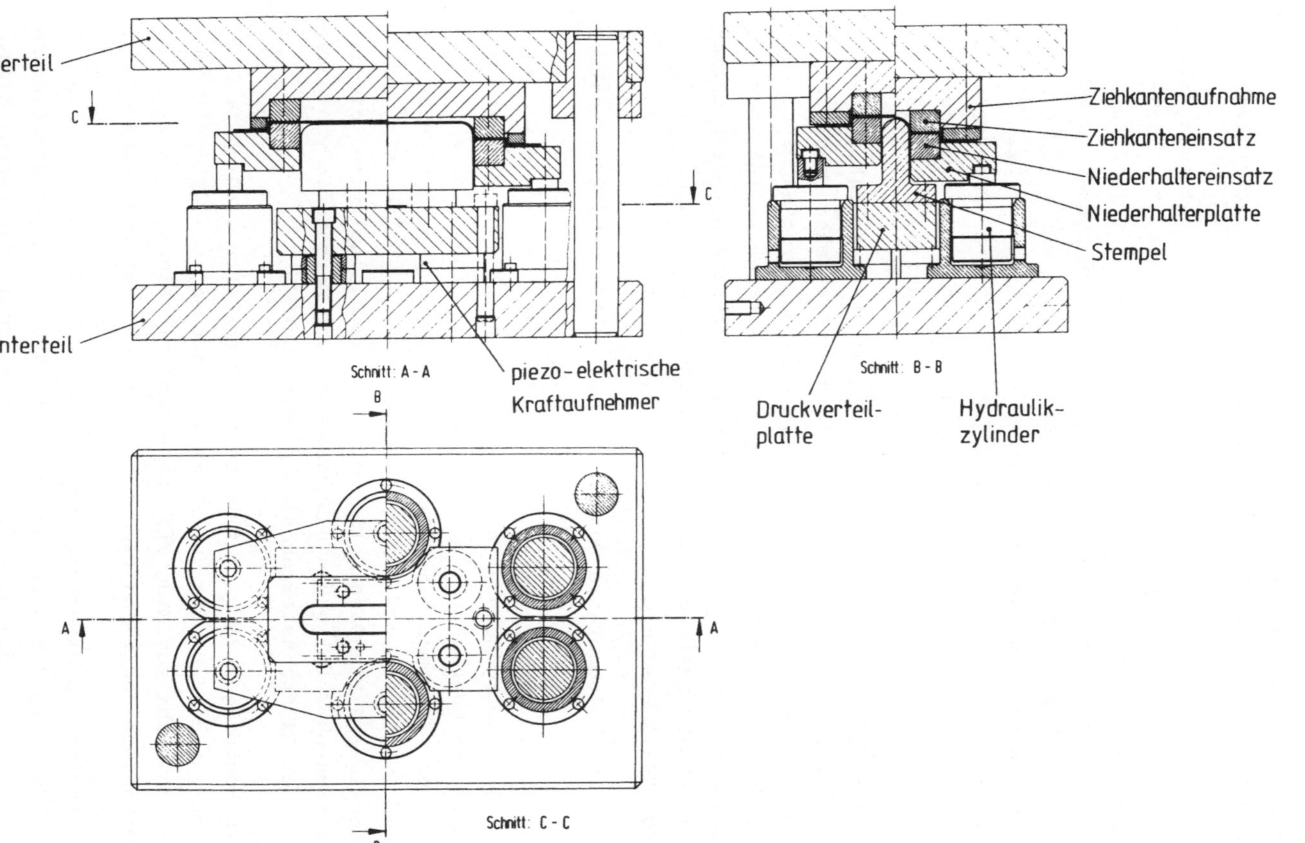

Bild 10: Versuchswerkzeug zur Herstellung geschlossener Halbrundsicken durch Hohlprägen.

Gesamtbelastbarkeit von 1600 kN liegen unter einer Druckverteilplatte, auf welcher der Stempel mittig aufgesetzt ist.

Der Stempel wird von der Niederhalterplatte umschlossen, die auf 6 ölhydraulischen Zylindern (Fabrikat Hilma, Typ 1029-03) mit einem maximalen Kolbenweg von 20 mm lose aufliegt. Die Hydraulikzylinder sind zu einem geschlossenen System verbunden, das über einen Stickstoffblasenspeicher mit einem maximalen Druck von 200 bar beaufschlagt werden kann. Je Zylinder kann eine Kraft von 45,4 kN bei 200 bar auf den Niederhalter aufgebracht werden. Dies bedeutet umgerechnet auf die Niederhalterfläche einen Niederhalterdruck von maximal $p_N \approx 11$ N/mm².

Der aktuelle Druck wird über ein Manometer angezeigt, außerdem ist in das Hydrauliksystem ein piezo-elektrischer Druckaufnehmer eingebaut, der eine Aufzeichnung der Druckänderung während des Umformvorgangs abhängig vom Umformweg zuließ. Der Niederhalterdruck bzw. die Niederhalterkraft konnte vor Beginn der einzelnen Versuche über den Fülldruck des Blasenspeichers eingestellt werden.

Die Niederhalterplatte wurde durch einen Niederhaltereinsatz, dessen Durchbruch dem jeweiligen Stempelumfang angepaßt war, genau positioniert. Der Niederhaltereinsatz mit einer Breite von 98 mm ist gegenüber der Niederhalterplatte um 3 mm erhaben und an den Oberkanten der Längsseiten mit einem Radius r = 1 mm versehen. Zusammen mit Klemmleisten, die an der Ziehkantenaufnahme im Abstand von 100 mm angeordnet sind, bildet sich so eine sichere Einspannmöglichkeit für die Blechplatine, die bei der Sickenherstellung ein Nachfließen des Werkstoffs von außerhalb der Einspannstellen sicher verhindert.

Beim Hohlprägen mit Nachfließen des Werkstoffs werden die Platinen auf eine Breite von 98 mm geschnitten, so daß die Klemmleisten nicht zum Eingriff kommen und die Platine nur zwischen Ziehkanteneinsatz und Niederhaltereinsatz gehalten wird.

Vor Beginn des Umformvorgangs steht die Niederhalterplatte etwas höher als die Oberkante des Sickenstempels, so daß die Platine flach auf dieser aufgelegt und ausgerichtet werden kann.

Während des Absenkens des Oberwerkzeugs wird zuerst das Blech eingeklemmt, dann setzt anschließend der Stempel auf die Werkstoffoberfläche auf. Durch diesen Vorgangsablauf konnte auf eine Klemmung der Platinenenden quer zur Sickenlängsachse verzichtet werden, da durch die Niederhalterplatte ein Abstützeffekt des Bleches am Sickenende erreicht wird. Vorversuche zeigten, daß bei einer Platinenlänge über 250 mm eine Längenänderung von nur 0,1 bis 0,15 mm gemessen werden konnte. Diese gilt für alle untersuchten Sickengeometrien und Sickentiefen.

Die Ziehkanteneinsätze können durch einen einfachen Ausbau der Ziehkantenaufnahme im Oberwerkzeug leicht gewechselt werden. Die Niederhalter- und Ziehkanteneinsätze sind aus dem Werkstoff 210 CrW 12 (Werkstoff-Nr. 1.2436) gefertigt und auf 60 HRC gehärtet. Die Stempel mit großen Radien (r_{St} = 10 mm, 16 mm) bestehen aus St 70-2 (Werkstoff-Nr. 1.0070), die Stempel mit r_{St} > 10 mm aus 16 MnCr 5 (Werkstoff-Nr. 1.7131). Für die Klemmleisten wurde der vorvergütete Werkstoff 90 MnCrV 8 (Werkstoff-Nr. 1.2842) ausgewählt.

Die Stempelkraft wird durch die Kraftmeßkörper erfaßt und in Abhängigkeit vom Stößelweg auf einem x-y-Schreiber aufgezeichnet.

Das Versuchswerkzeug war in eine ölhydraulische Ziehpresse in O-Gestellbauweise (Hersteller: SMG) mit einer Nennkraft von 600 kN eingebaut (Bild 12). Die Stößelgeschwindigkeit der Presse war über alle Versuche mit v_{St} = 20 mm/s = konstant eingestellt.

3.4 Versuchsergebnisse

3.4.1 Größte erreichbare Sickentiefe

Für die praktische Anwendung des Hohlprägens von Versteifungssicken ist sicherlich die Sickentiefe, die ohne Werkstoffversagen erreicht werden kann, einer der wichtigsten Gesichtspunkte. Eine Hilfe für die Ermittlung der größten Sickentiefe ist das Stempelkraft-Stempelweg-Schaubild, da der Abfall der Stem-

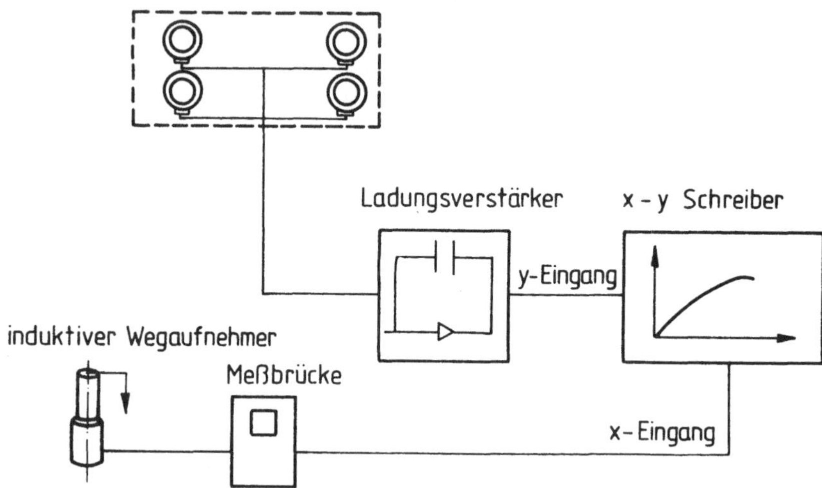

Bild 11: Aufbau der Meßeinrichtung beim Hohlprägen.

Bild 12: Versuchsmaschine mit eingebautem Werkzeug.

pelkraft ein Indiz für das Auftreten von Einschnürung bzw. Anrissen darstellt. Die Sickentiefe bei Abfall der Stempelkraft
ist dann eine absolute Grenze beim Tiefen der Sicke. Maßgebend
für die erreichbare Sickentiefe ist aber das tatsächliche Aus-
sehen bzw. der Zustand der Sicke.

Zur Aufnahme der Stempelkraft-Stempelweg-Schaubilder für jede
Werkzeugkombination kamen Blechplatinen der Abmessung
280 x 160 mm für das Hohlprägen ohne und 280 x 98 mm für das
Hohlprägen mit Nachfließen des Werkstoffs zum Einsatz. Die Platinen wurden vor den Versuchen entgratet und mit Aceton ge-
reinigt. Anschließend wurde mit dem Pinsel Platinol R2 (St 1403)
oder Platinol V 281/75 (AlMg 5) matrizenseitig aufgetragen. Auf
einen definierten stempelseitigen Schmierstoffauftrag wurde
verzichtet, da Vorversuche keine meßbare Beeinflussung der Verfahrensgrenzen und der Stempelkraft erkennen ließen.
Das Einlegen der Platine erfolgte so, daß die Walzrichtung mit
der Sickenlängsachse einen Winkel von 90 ° bildete.

Der qualitative Verlauf der Stempelkraft abhängig vom Stempelweg ist gekennzeichnet durch einen steileren Kraftanstieg beim
Verfahren ohne Nachfließen gegenüber dem Hohlprägen mit Nachfließen des Werkstoffs, das dafür tiefere Sicken bei geringerer
Stempelkraft zuläßt (Bild 13).

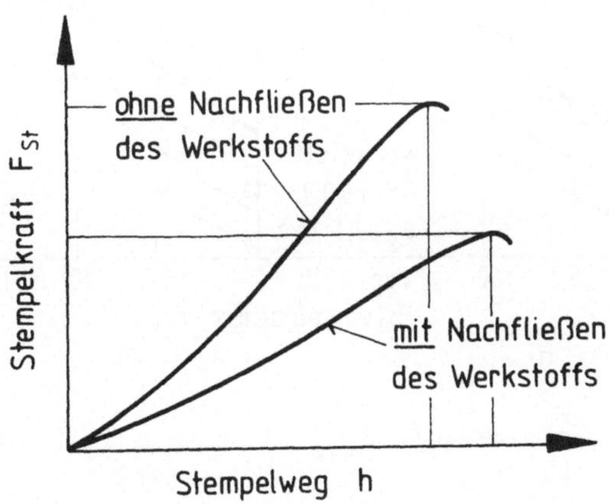

Bild 13: Qualitativer Verlauf der Stempelkraft in Abhängigkeit
         vom Stempelweg für das Hohlprägen geschlossener Halb-
         rundsicken.

Aus dem Schaubild wurde der Stempelweg vor Abfallen der Stempelkraft entnommen, d. h. bei Auftreten einer örtlichen Blecheinschnürung. Der Ort des Werkstoffversagens ist abhängig von von den Werkzeugradien sowie von den Verfahrensvarianten (vgl. Abschn. 3.4.2.1). Die größte erreichbare Sickentiefe ohne Werkstoffversagen wird außer vom Formänderungsvermögen zum großen Teil auch von der Menge des zur Umformung verfügbaren Werkstoffs beeinflußt. Für das Verfahren Hohlprägen ohne Nachfließen des Werkstoffs kann annähernd von einer Umformzone ausgegangen werden, die sich in Richtung der Sickenbreite auf einen Bereich erstreckt, der der Gesenkweite a_o entspricht.

Einfluß des Stempelradius

In Bild 14 wird die größte Sickentiefe bei Einschnürung des Werkstoffs in Abhängigkeit vom Stempelradius r_{St} mit dem Zieh-

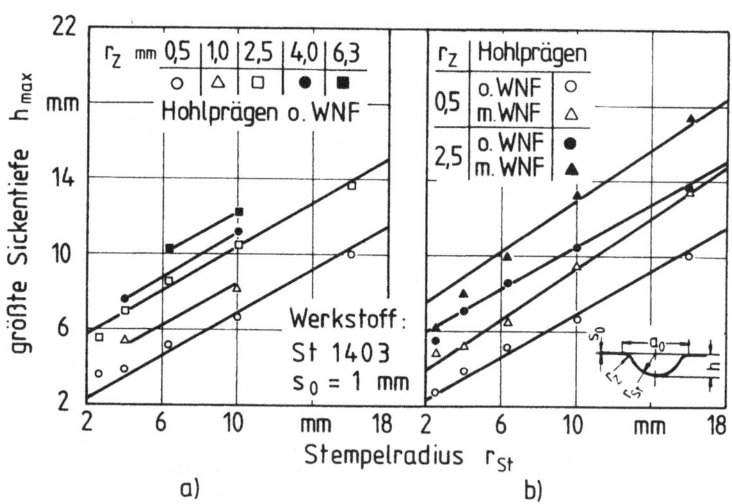

Bild 14: Größte Sickentiefe h_{max} in Abhängigkeit vom Stempelradius r_{St}.
   a) für unterschiedliche Ziehkantenradien r_Z,
   b) Vergleich der Hohlprägeverfahren ohne/mit Nachfließen des Werkstoffs.

kantenradius als Parameter für geschlossene Sicken mit kugeligem Stempelauslauf dargestellt. Unter sonst gleichen Bedingungen nimmt für beide Verfahrensvarianten die größte Sickentiefe linear mit dem Stempelradius zu. Die gleichartige Abhängigkeit wurde von Petzold [25, 26] für offene Sicken gefunden. Ohne Nachfließen des Werkstoffs sind geringere Sickentiefen erreichbar. Im untersuchten Bereich läßt sich durch Hohlprägen mit Werkstoffnachfließen eine um durchschnittlich 27 % größere Sickentiefe erreichen.

Einfluß des Ziehkantenradius

Die größte Sickentiefe nimmt mit wachsendem Ziehkantenradius überproportional zu. Bei doppellogarithmischer Darstellung ergeben sich für alle Abhängigkeiten h_{max} von r_Z in guter Näherung Geraden (Bild 15). Diese Ergebnisse bestätigen Erkenntnisse von Kirchhoff [29] bei geschlossenem Dreieck- und Trapezsicken, stehen jedoch im Gegensatz zu Ergebnissen bei offenen Halbrundsicken, für die Petzold [25, 26] eine lineare Zunahme der Sickentiefe bei größer werdendem Ziehkantenradius feststellte. Diese Aussage hat demnach nicht für alle Verhältnisse r_{St}/r_Z Gültigkeit. Im Bereich kleiner Ziehkantenradien ist im Hinblick auf die erreichbare Sickentiefe die Vergrößerung von r_Z wirkungsvoller als die von r_{St}. Ohne Werkstoffnachfließen werden geringere Sickentiefen erreicht als mit Werkstoffnachfließen (Bild 15 b).

Einfluß des Werkstückwerkstoffs

Die Gegenüberstellung von St 1403 und AlMg 5 in Bild 15 c) und Bild 16 zeigt, daß generell mit der Aluminiumlegierung geringere Sickentiefen erreicht werden als mit dem Stahlwerkstoff. Der Unterschied in der Sickentiefe ist allerdings vom Herstellungsverfahren abhängig. Beim Hohlprägen mit Werkstoffnachfließen ist der Unterschied in der Sickentiefe zwischen Stahl und AlMg 5 unabhängig vom Stempelradius. Ohne Werkstoffnachfließen wird ein deutlicher Einfluß des Stempelradius bemerkt. Bei kleinem Stempelradius sind die Unterschiede in den Sickentiefen gering und wachsen dann mit zunehmendem r_{St}. Bild 15 c) bestätigt die bereits erwähnte geringere Sickentiefe

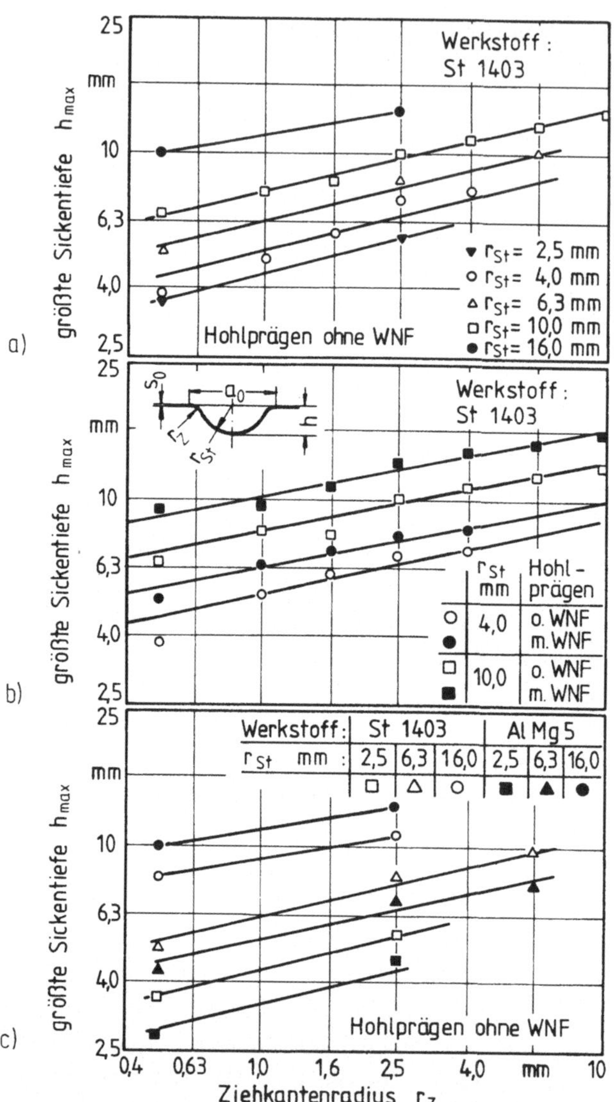

Bild 15: Größte Sickentiefe in Abhängigkeit vom Ziehkantenradius.

a) für unterschiedliche Stempelradien,

b) Hohlprägen mit/ohne Werkstoffnachfließen,

c) Vergleich: St 1403 und AlMg 5.

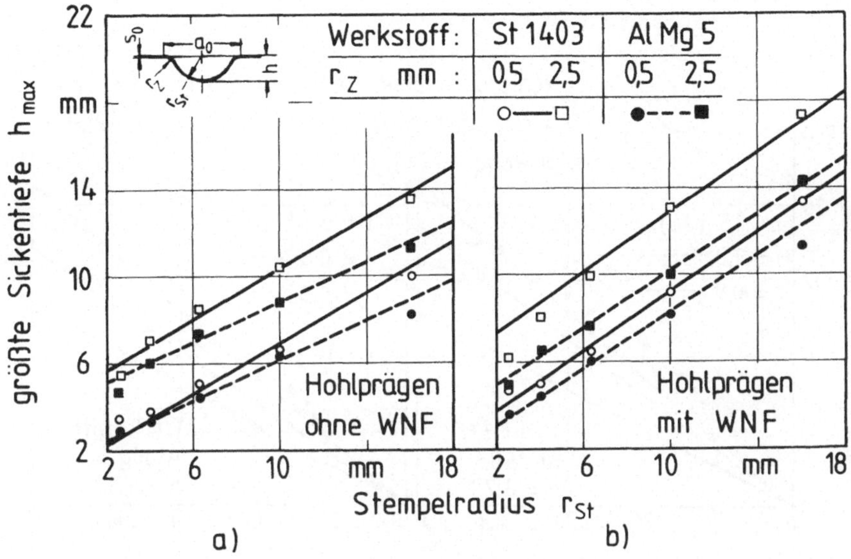

Bild 16: Größte Sickentiefe h_{max} in Abhängigkeit vom Stempelradius r_{St}. Vergleich St 1403 und AlMg 5
a) Hohlprägen ohne WNF,
b) Hohlprägen mit WNF.

bei gleichem Stempel- und Ziehkantenradius für AlMg 5 gegenüber
St 1403.

Die Ergebnisse deuten auf einen Zusammenhang zwischen
der größten erreichbaren Sickentiefe und dem Stempel-
bzw. Ziehkantenradius hin. Setzt man voraus, daß die Gesenkweite a_o der Umformzone entspricht, so kann angenähert von einer
linearen Abhängigkeit der Sickentiefe von der Gesenkweite ausgegangen werden.

Werden alle gemessenen Sickentiefen in Abhängigkeit von der
Gesenkweite aufgetragen, so kann eine obere Grenze für Sickentiefen ohne Werkstoffeinschnürung angegeben werden. Diese liegen nach den Versuchsauswertungen ungefähr 10 % unter den Sik-
kentiefen bei Einschnürung (Bild 17).

Der von Petzold festgestellte Zusammenhang zwischen der

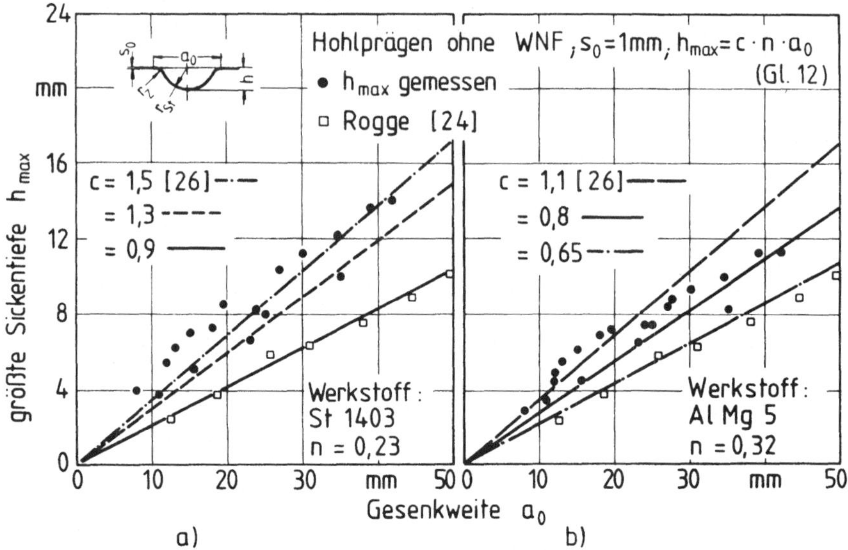

Bild 17: Größte erreichbare Sickentiefe abhängig von der Gesenkweite a_o für Hohlprägen ohne Werkstoffnachflies-
sen.
a) Werkstoff: St 1403,
b) Werkstoff: AlMg 5.

Sickentiefe und der Gesenkweite für offene Halbrundsicken unter Berücksichtigung des Formänderungsvermögens des Werkstoffs
(vgl. Abschn. 1.1)

$$h_{max} = c\, n\, a_o \qquad (12)$$

kann auch für geschlossene Halbrundsicken übernommen werden.
Die Konstante c muß dann für geschlossene Sicken auf
c = 1,3 für Stahl und
0,8 für naturharte Aluminiumlegierungen
reduziert werden. Diese Werte wurden durch eine Regressions-

rechnung mit Sickentiefen ohne Werkstoffversagen ermittelt. Als Wert n wird in Gl. (12) der Verfestigungsexponent, bestimmt aus der Fließkurve des Werkstoffs, eingesetzt. Dies ist zweckmäßig, da viele Werkstoffe kein eindeutiges φ_g, wohl aber einen eindeutigen n-Wert besitzen [57].

Rogge [24] zeigt in seinen Gestaltungsrichtlinien für Sicken die Abhängigkeit der erreichbaren Sickentiefe ebenso auf. Für die beiden Werkstoffe werden dann Konstanten c = 0,9 für Stahlwerkstoffe und 0,65 für Aluminiumlegierungen errechnet. Die Ergebnisse liegen in jedem Fall weit auf der sicheren Seite und können deshalb für die praktische Anwendung empfohlen werden.

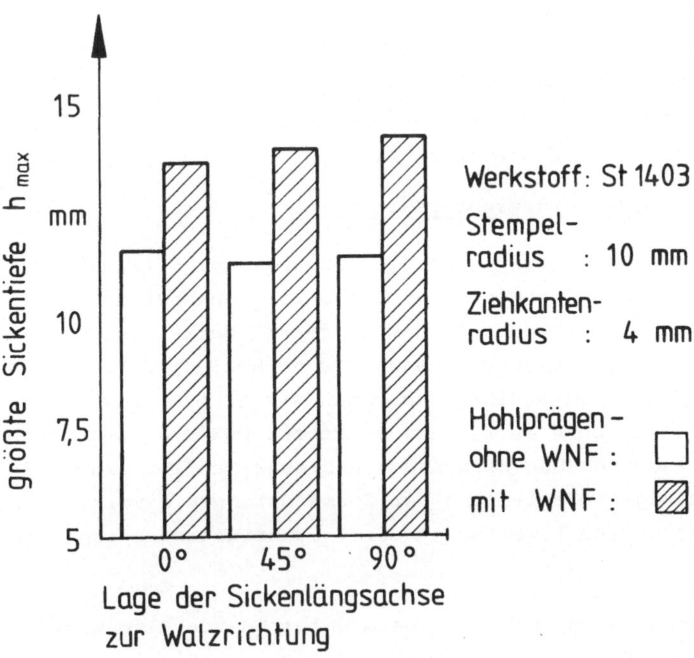

Bild 18: Einfluß der Lage der Sickenlängsachse zur Walzrichtung auf die größte Sickentiefe.

Einfluß von Schmierstoffen

Die größte erreichbare Sickentiefe bei St 1403 wird durch die Verwendung von Schmierstoffen, die matrizenseitig aufgebracht wurden, nur unwesentlich beeinflußt. Zwischen ungeschmierten und mit Ziehfolien beklebten Platinen liegt eine Zunahme der Tiefe um weniger als 3 % bei beiden Herstellverfahren. Ein stempelseitiger Schmierstoffauftrag erbrachte keine messbare Zunahme der Sickentiefe.

Einfluß der Anisotropie

Die Versuche ergaben für St 1403 und AlMg 5 keinen eindeutigen Einfluß der Sickenlage zur Walzrichtung auf die größte erreichbare Sickentiefe. Stellvertretend für andere Werkzeugkombinationen ist in Bild 18 der Einfluß der Sickenlage zur Walzrichtung auf die Sickentiefe bei St 1403 für r_{St} = 10 mm und r_Z = 4 mm aufgetragen. Die Abweichungen liegen für alle untersuchten Sickengeometrien unter 3 %.

3.4.2   Formänderungsuntersuchung

In der Blechumformung gibt die Kenntnis der örtlichen Formänderungen in der Blechebene durch die Volumenkonstanz Hinweise auf die Blechdickenabnahme an den einzelnen Werkstückabschnitten. Mit Hilfe der Formänderungsanalyse an hohlgeprägten Sickenprofilen können die Stellen, an denen die größten Formänderungen in der Blechebene auftreten, ermittelt werden. Durch eine gezielte Änderung des Werkzeugs an dieser Stelle, die eine gleichmäßigere Verteilung der Formänderungen bewirkt, kann anschließend eine Erweiterung der Verfahrensgrenze angestrebt werden.

Eine Möglichkeit, die sich beim Umformen von Blechwerkstoffen ergebenden Formänderungen meßtechnisch zu erfassen, bietet die Formänderungsanalyse mit der Meßrastertechnik. Das Aufbringen der Meßkreise auf die Blechoberfläche durch das elektrochemische Ätzverfahren und die weitere Vorgehensweise bei der Auswertung wird u. a. ausführlich in [58 bis 60] beschrieben.

Bezüglich des Meßkreisdurchmessers gilt die Erkenntnis, daß der
Innendurchmesser des Kreises wegen des Auflösungsvermögens immer wesentlich kleiner als der Krümmungsradius des Bleches gewählt werden sollte. Die Platinen zum Hohlprägen der Sicken,
deren kleinster Stempelradius 2,5 mm beträgt, wurden anfäng-
lich mit Kreisen von 2 mm Innendurchmesser versehen. Erste Versuche zeigten jedoch, daß ein Ausmessen der Kreise an den Stellen größter Formänderung nicht mehr möglich war. Dies ist zum
einen auf das elektro-chemische Aufbringeverfahren, das keine
tiefen Markierungen zuläßt, zurückzuführen und zum anderen auf
die Rauheit der Blechoberfläche nach der Umformung im Verhältnis zu den kleinen Abmessungen der Meßkreise. Diese waren an
den kritischen Stellen der Sicke nur noch bruchstückhaft vor-
handen, so daß sie weder mit dem Lackabzugsverfahren noch mit
dem biegsamen Maßstab und einer Lupe ausgemessen werden konnten.
Aus diesem Grund mußte bei der Formänderungsanalyse im Rahmen
der vorliegenden Untersuchung mit Meßkreisen mit einem Innendurchmesser d = 4,5 mm gearbeitet werden. Die Formänderungsverteilung konnte deshalb nur an hohlgeprägten Sicken mit einem
Stempelradius r_{St} = 10 mm vorgenommen werden.

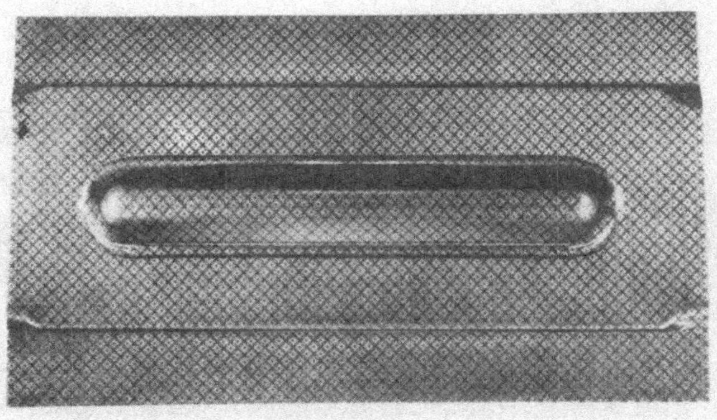

Bild : Durch Hohlprägen ohne Nachfließen des Werkstoffs herge-
stellte geschlossene Halbrundsicke mit Meßraster.

3.4.2.1 Kritische Stellen an geschlossenen Halbrundsicken

Orte des Werkstoffversagens

Ein Versagen bei der Herstellung stellt sich ein, wenn eine zu große Sickentiefe in das Blech eingebracht wird und der Werkstoff dann örtlich einschnürt und bricht. Offene Sicken versagen ausschließlich in der Flanke des Sickenquerschnitts, bei sehr kleinen Ziehkantenradien in deren Nähe. Während der Aufnahme der Stempelkraft-Stempelweg-Schaubilder war festzustellen, daß geschlossene Halbrundsicken beim Hohlprägen sowohl mit als auch ohne Werkstoffnachfließen nur bei sehr kleinen relativen Ziehkantenradien $r_Z/s_o < 1$ ihren Versagensort in der Sickenflanke am Übergang zum Ziehkantenradius haben. Bei größeren Ziehkantenradien stellt sich die Einschnürung des Werkstoffs bei Stempeln mit kugeligem Ende im Sickenauslauf am Übergang Stempelradius zum Bereich der freien Umformung ein. In Bild 19 ist der Versagensort für große und kleine Ziehkantenradien für die beiden angewendeten Hohlprägeverfahren zu sehen. Die qualitative Aussage der optischen Versuchsauswertung soll durch die folgende Formänderungsanalyse bekräftigt werden.

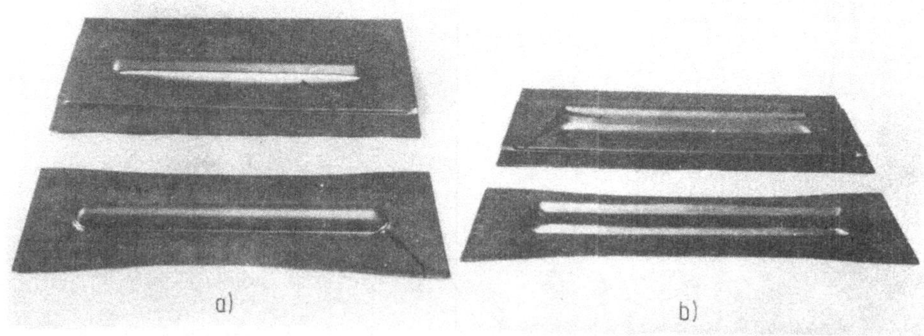

Bild 19: Orte des Werkstoffversagens für geschlossene Halbrundsicken mit kugeligem Auslauf.
a) Ziehkantenradius $r_Z < s_o$,
b) Ziehkantenradius $r_Z > s_o$.

<u>Formänderungsanalyse</u>

Die Formänderungsanalyse wurde an geschlossenen Halbrundsicken
vorgenommen, die durch Hohlprägen ohne Nachfließen des Werkstoffs hergestellt wurden. Alle Sicken wurden bis zu einer
Tiefe hohlgeprägt, bei welcher noch kein Werkstoffversagen
durch eine örtliche Einschnürung festzustellen war. Das Kreis-
raster für die Untersuchung der Formänderungen wurde auf der
der Ziehkante zugewandten Platinenseite aufgebracht. Die Biegung des Bleches über die Stempelrundung während der Umformung
wirkte sich durch das Auftreten von Zugspannungen in der Außenfaser bei der Auswertung der Meßkreise als Dehnung, die Biegung
über den Ziehkantenradius auf Grund der Druckspannungen in der
Innenfaser als Stauchung, aus. Die Formänderungen, die durch
die Streckziehbeanspruchung des Werkstoffs in der Blechebene
entstehen, werden von den Dehnungen bzw. Stauchungen in den
Bereichen der formgebenden Werkzeugkonturen überlagert. Da der
Werkstoff keine Möglichkeit hat, während des Umformvorganges
aus der Blechebene nachzufließen, kann im gesamten Sickenprofil von einer reinen Streckziehbeanspruchung ausgegangen werden.

Im Hinblick auf das Grenzformänderungsschaubild bedeutet dies,
daß alle Formänderungen im Bereich der reinen Zugbeanspruchung
liegen. Somit gilt für die Hauptformänderungen

$$\begin{aligned}
\varphi_1 &> 0, \\
\varphi_2 &> 0 \\
\text{und} \quad \varphi_3 &< 0.
\end{aligned} \tag{22}$$

Das Maß der örtlichen Blechdickenänderung kann als Bewertungs-
möglichkeit für die Güte eines Tiefzieh- oder Streckziehteils
herangezogen werden. Aus der Sicht des Verlaufs der Grenzformänderungskurve zeigt die Blechdickenänderung, daß eine Formänderungsverteilung umso günstiger ist, je geringer die Blechdickenabnahme ist. Der Umformgrad in Blechdickenrichtung läßt
sich aus den Umformgraden in der Blechebene gemäß der Beziehung
der Volumenkonstanz

$$\varphi_1 + \varphi_2 + \varphi_3 = 0 \tag{23}$$

und daraus

$$\varphi_3 = - (\varphi_1 + \varphi_2) \tag{24}$$

bestimmen.

Die Formänderungsverteilung wurde jeweils längs der Haupt-
dehnungsrichtungen entlang des Sickenrückens in Längenrichtung
und entlang des Sickenquerschnitts in Breitenrichtung ermittelt. Die größte und die kleinste Formänderung liegen parallel
bzw. senkrecht zu diesen Schnitten. Da die Sickenprofile einen
symmetrischen Aufbau haben, wurde nur je eine Sickenhälfte ausgewertet. Aus den Längen der Hauptachsen und dem Meßkreisdurchmesser wurden die Umformgrade in Längen- und Breitenrichtung φ_1 und φ_t errechnet und in Abhängigkeit vom Abstand zum
Sickenmittelpunkt aufgetragen. In dieser Darstellung kann an-
schaulich der Formänderungsverlauf über dem Sickenquerschnitt
in Längen- und Breitenrichtung gezeigt werden (Bild 20).

In Richtung des Sickenrückens weist der tangentiale Umformgrad
bis in den Bereich des Sickenendes eine gleichbleibende Größe
auf (φ_t = 0,15) (Bild 20 a). Am Stempelende vergrößert er
sich um 20 %, um dann zum Ziehkantenradius hin auf φ_t = 0
abzufallen. Der Umformgrad φ_1 = 0 gilt für den Mittenbereich
des Sickenrückens. Dies deutet auf eine einachsige gleichmäßi-
ge Zugbeanspruchung des Bleches quer zur Sickenlängsachse hin.
Im Stempelauslaufradius bildet sich bei kugeligem Stempelende
die Stelle der größten Werkstoffbeanspruchung im gesamten Sik-
kenbereich. Während im übrigen Sickenprofil $\varphi_t > \varphi_1$ gilt,
wechseln im Sickenauslauf die Hauptspannungen in $\varphi_t < \varphi_1$.
Wird die Blechdickenänderung an der Stelle größter Formänderungen betrachtet, so erreicht der Umformgrad in Blechdickenrichtung φ_r einen Maximalwert von φ_r = - 0,52, was einer Blechdickenabnahme auf 60 % der Ausgangsblechdicke entspricht.

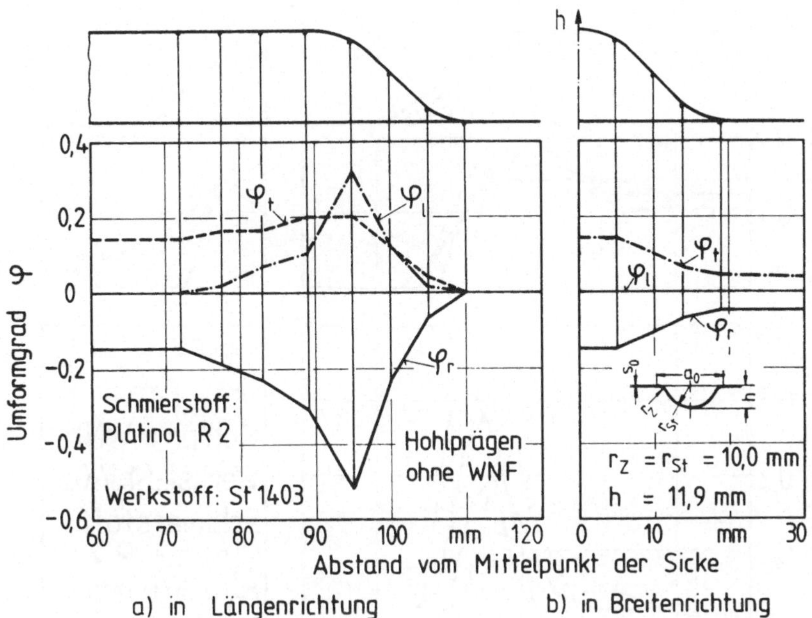

Bild 20: Formänderungen an geschlossenen Halbrundsicken.
a) in Längenrichtung,
b) in Breitenrichtung.

In Breitenrichtung des Sickenprofils verlaufen die Formänderungen im Bereich der Stempelrundung auf einer gleichmäßigen Höhe von φ_t = 0,15 und fallen dann nach der Ziehkantenrundung auf φ_t = 0,02 ab bis zur Einspannstelle der Platine. Da φ_l = 0 ist, wird φ_r = - φ_t (Bild 20 b).

Der Formänderungsverlauf für Halbrundsicken mit konstantem Stempelradius bei unterschiedlichen Ziehkantenradien ist in Bild 21 dargestellt. Entlang der Sickenlängsachse läßt der tangentiale Umformgrad nur geringe Unterschiede erkennen. Quer zur Sickenlängsachse ist zu sehen, daß für kleine Ziehkantenradien in der Blechebene φ_t = 0 wird. Es findet kein Fließen des Werkstoffs aus dem Flansch über die Ziehkante statt. φ_l wird wieder am Stempelende der größte Umformgrad in der Blechebene.

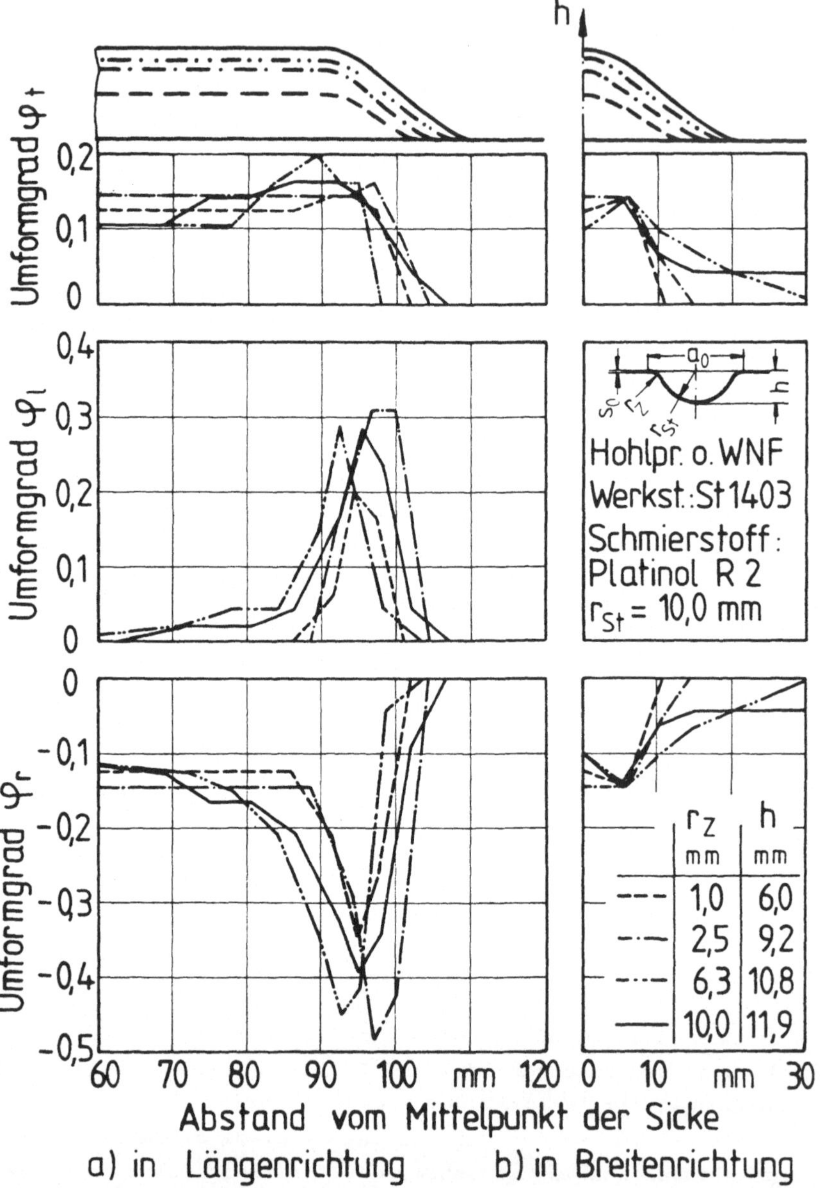

Bild 21: Einfluß des Ziehkantenradius auf die Formänderungen.

Ein Ziehkantenradius r_z = 1,0 mm führt im Verhältnis zur erreichten Sickentiefe zu relativ hohen Umformgraden in Längenrichtung φ_1 = 0,2. Für größere Ziehkantenradien wurde bei nahezu doppelter Sickentiefe eine Zunahme von φ_1 um nur 50 % gemessen.

Aus der Darstellung des Umformgrades in Blechdickenrichtung läßt sich eine größte erreichbare Sickentiefe bei geringsten Formänderungswerten für Verhältnisse r_{St} = r_z folgern, daß die größte Sickentiefe dann erreicht wird, wenn der Stempelradius gleich dem Ziehkantenradius ist. Diese Erkenntnis wird durch das Schrifttum [6, 25] bestätigt.

Die Formänderungen stimmen qualitativ mit den Ergebnissen von Oehler und Garbers [20] überein, wenn berücksichtigt wird, daß diese Messungen an der Innenseite des Sickenprofils quer zur Sickenlängsachse vorgenommen wurden.

Der größte auftretende Umformgrad in Sickenquerrichtung liegt bei φ_t = 0,15 in der Außenfaser der Stempelrundung. Petzold [25, 26, 40] rechnet bei der Bestimmung der Sickentiefe und der Stempelkraft mit einem mittleren tangentialen Umformgrad (vgl. Abschn. 1.2). Für denselben Sickenquerschnitt berechnet sich nach Gl. (9) der mittlere tangentiale Umformgrad zu φ_{tm} = 0,17. φ_{tm} kann daher als gute Näherung der tatsächlichen Formänderungsverhältnisse angesehen werden.

3.4.2.2 Unterschiedliche Sickenausläufe

Die Stelle der größten Formänderungen lag   bei geschlossenen
Sicken mit halbrundem Querschnitt und kugeligem Auslauf im
Bereich des Stempelendes. Als Ansatzpunkt zur Vergrößerung
der erreichbaren Sickentiefe bot sich deshalb eine Änderung
der Gestaltung des Stempelendes an. Aus der Praxis sind trapezförmige oder mit einem Radius $r_a \gg r_{St}$ versehene Stempelformen
bekannt. Durch diese konstruktive Maßnahme wird der Beginn des
Sickenauslaufs weiter gegen die Sickenmitte hin verschoben.

Bild 22: Untersuchte Stempelauslaufformen. Von links: trapez-
         förmig, kugelig, radiusförmig.

In der vorliegenden Untersuchung wurden 6 Sickenauslaufformen
ausgewählt (Bild 22). Die genauen Abmessungen können Bild 23,
ausgehend von der Ausgangsform (0), der Trapezform (1) und der
Radiusform (2) entnommen werden. Die Abmessungen der aus-
tauschbaren Stempelaufsätze sind für einen Ziehkantenradius
von 4,0 mm ausgelegt. Die Sickentiefe betrug jeweils h = 9,8 mm.

Die gleichmäßigsten Formänderungsverläufe werden von den größten Auslauflängen erzielt (Bild 24 a) und b)). Die größten Blech-
dickenabnahmen sind bei trapezförmigen Ausläufen immer kleiner
als bei radiusförmigem Auslauf mit gleicher Auslauflänge. Mit
einem Auslauf der Form 1.3 geht der örtliche Umformgrad in
Dickenrichtung von $\varphi_r = -0,4$ ($r_a = r_{St}$) auf $\varphi_r = -0,18$ im
kritischen Sickenbereich zurück.

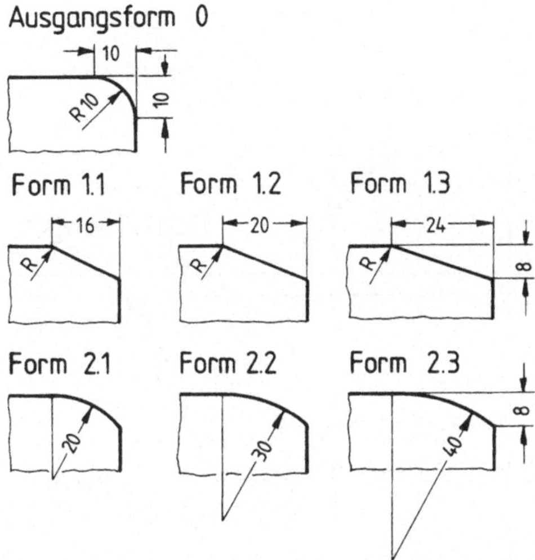

Bild 23: Schematische Darstellung der untersuchten Geometrien
der Stempelenden.

Abgesichert wird diese Erkenntnis durch ein Einzeichnen der
Formänderungsverteilung längs des Sickenrückens in das Form-
änderungsschaubild. Die Aufnahme einer Grenzformänderungskurve
ist sehr aufwendig. Deshalb wurde die Grenzformänderungskurve
für den Werkstoff St1403 einer Untersuchung von Hasek entnommen [61]. Diese Vorgehensweise ist möglich, da die Grenzformänderungskurve vor allem von der Streckgrenze und der Blechdicke beeinflußt wird [69]. Mit zunehmender Blechdicke und
abnehmender Streckgrenze verschiebt sich die Formänderungskurve
zu höheren φ_{max}-Werten, ohne dabei ihre Form wesentlich zu ver-
ändern. Für die Formänderungsanalyse kann also eine Kurve verwendet werden, die mit Blechen aus einer anderen Lieferung er-
stellt wurde, wenn Streckgrenze und Blechdicke vergleichbare
Werte aufweisen. Die verwendete Grenzformänderungskurve wurde
mit Hilfe des hydraulischen Tiefungsversuchs aufgenommen.
Bild 25 verdeutlicht, wie günstig der Abstand der auftretenden
Formänderungen zur Grenzformänderungskurve durch Optimierung
der Stempelauslaufform wird. Durch die geänderte Auslaufform
und die gleichmäßigere Formänderungsverteilung sind nun größere
Sickentiefen ohne Werkstoffversagen zu erwarten.

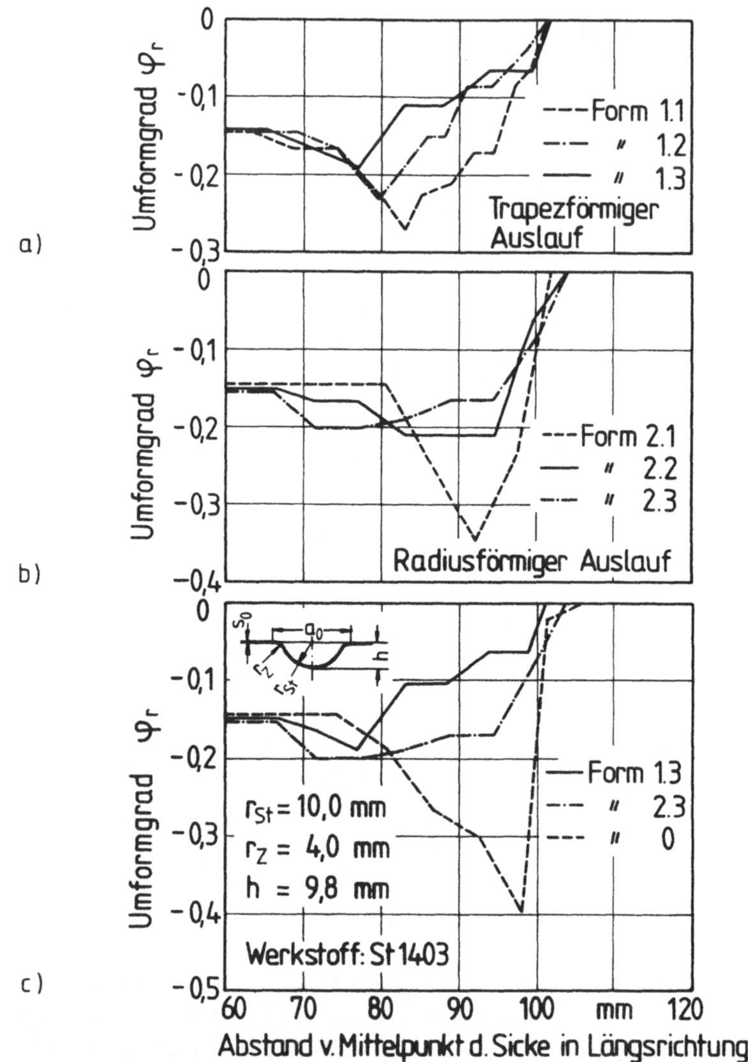

Bild 24: Einfluß der Gestaltung des Sickenauslaufs auf die Formänderungen in Blechdickenrichtung
    a) Trapezförmiger Auslauf,
    b) Radiusförmiger Auslauf,
    c) Vergleich der Auslaufformen.

Ein abschließender Versuch beweist die Richtigkeit der Annahme. Durch stufenweises Abnehmen der Trapezfläche von 8 mm auf 11 mm bei gleicher Flächenneigung (Form 1.3 in Bild 23) konnte im Vergleich zur kugeligen Auslaufform (Form 0) eine um 11 % größere Sickentiefe erreicht werden. Der Versagensort verlagerte sich dabei vom Sickenauslauf in den Übergang zwischen Ziehkantenrundung und Sickenflanke parallel zur Sickenlängsachse. Gleichzeitig ging die erforderliche Stempelkraft um 4,5 % zurück, was hauptsächlich auf die Verringerung des belasteten Blechquerschnitts zurückzuführen ist.

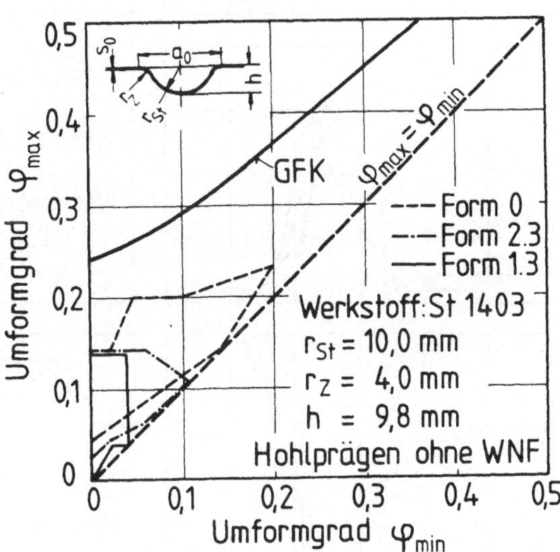

Bild 25: Formänderungsverteilung im Grenzformänderungsschaubild für unterschiedliche Stempelauslaufformen.

3.4.2.3. Einfluß der Schmierstoffe

Es war erwartet worden, daß neben der Werkzeuggeometrie und der Sickentiefe auch die Reibungsbedingungen zwischen Blech- und Werkzeugoberfläche die Formänderungsverteilung beeinflussen. Bedingt durch die geringe Relativbewegung zwischen Werkzeugkontur und Werkstück können die Unterschiede der untersuchten Schmierstoffe (s. Abschn. 3.2, Tab. 3) bezüglich der Formänderungsverteilung nur schwer quantifiziert werden. Wie

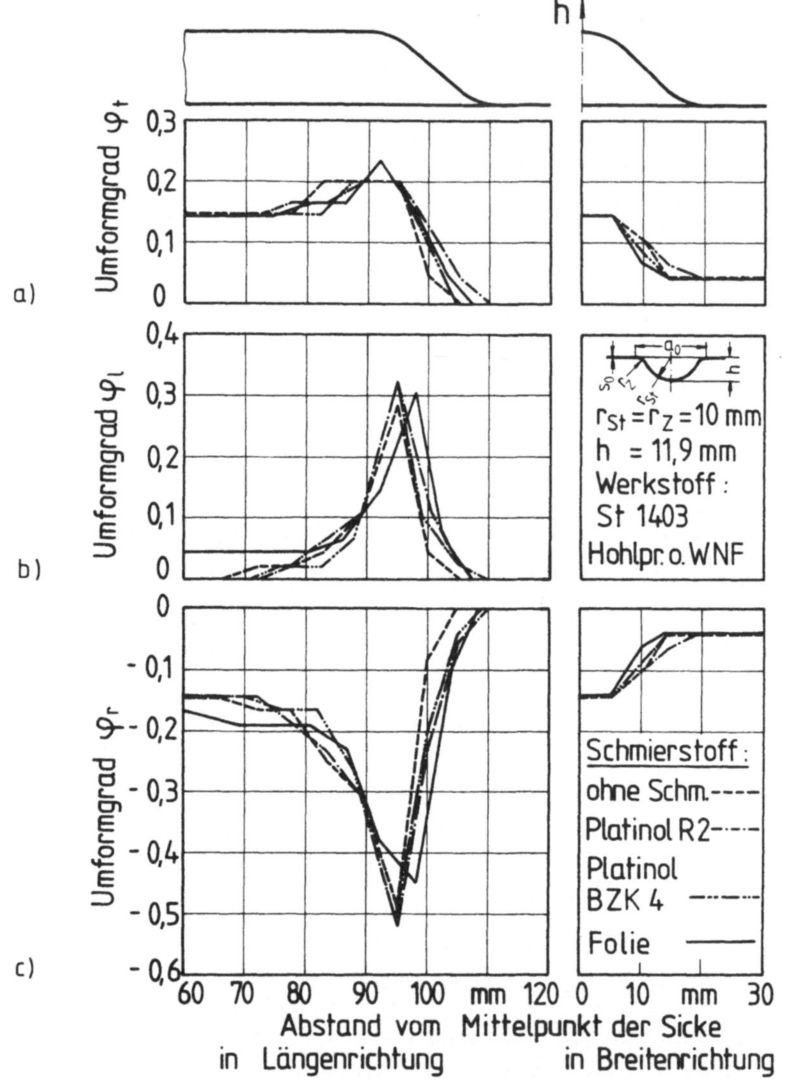

Bild 26: Einfluß der Schmierstoffe auf die Formänderungen an geschlossenen Halbrundsicken.

die Bilder 26 a) und b) für die Umformgrade φ_t und φ_1 erkennen lassen, ergeben sich bei der Verwendung verschiedener Schmierstoffe nur geringfügige Unterschiede. Jedoch ist festzuhalten, daß die Formänderung φ_r in Blechdickenrichtung bei Einsatz einer Ziehfolie am gleichmäßigsten ist (Bild 26 c). Von daher muß die Angabe von Travis [38] bezweifelt werden, wonach durch Schmierung der Platinenoberfläche eine Steigerung der Formänderungen um 20 % zu erreichen ist.

Keine eindeutigen Angaben über den Vorteil von bestimmten Schmierstoffen oder Ziehfolien beim Hohlprägen sind durch die Betrachtung der Formänderungsverteilung im Grenzformänderungsschaubild zu machen (Bild 27). Die Ziehfolie schneidet hier schlechter ab, da die Darstellung im Grenzformänderungsschaubild nur indirekt die Formänderungen in Blechdickenrichtung berücksichtigt.

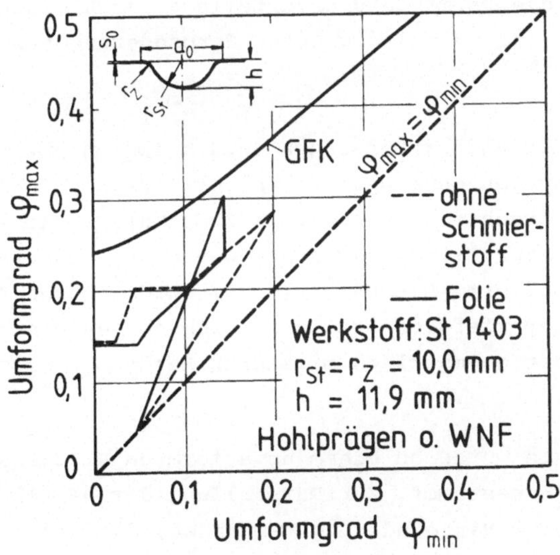

Bild 27: Formänderungsverteilung im Grenzformänderungsschaubild für unterschiedliche Schmierstoffe.

Schlußfolgerung

In den betrieblichen Anwendung des Hohlprägens kann bei der Wahl des Schmierstoffs bei kombinierten Verfahren der jeweilige Schmierstoff, der für das Tief- oder Streckziehen eingesetzt

wird, beibehalten werden. Ziehfolien, die als Oberflächen-
schutz bei der Verarbeitung z. B. von Aluminium oder Edelstahl-
blechen eingesetzt werden, verbessern das Ziehergebnis geringfügig.

3.4.3 Härteverteilung

Beim Hohlprägen sind infolge der unterschiedlichen Beanspruchung des Werkstoffs im Sickenquerschnitt auf Biegung und Zug
bzw. auf eine Kombination dieser beiden Größen örtliche ungleiche Härtwerte zu erwarten. Zwischen der Vickershärte und
dem Vergleichsumformgrad besteht ein eindeutiger Zusammenhang
[62,70,71]. Ohne hier eine quantitative Beziehung zwischen
Vickershärte und dem Vergleichsumformgrad aufzustellen, soll
im folgenden über die Härteabweichung im Sickenquerschnitt
qualitativ auf die Formänderungsverteilung geschlossen und
versucht werden, die Stellen größter Formänderungen zu beschreiben.

Für die Durchführung der Messungen wurden Sicken aus St 1403,
die durch Hohlprägen ohne Werkstoffnachfließen und ohne Werkstoffversagen hergestellt wurden, in Kunstharz eingebettet
und mittig quer zur Sickenlängsachse getrennt, abgefräst, ge-
schliffen und poliert. Die Härte (HV 5) wurde an den Proben,
ausgehend von der tiefsten Stelle im Sickenbogen bis zur Blechebene entlang der geometrisch mittleren Faser des Bleches, ermittelt.

Die Ausgangshärte wurde an einem unverformten Blechabschnitt
zu VH_o = 92 HV 5 bestimmt. Zur Darstellung der Härteänderung
wurde die relative Härteänderung verwendet, die sich nach der
Gleichung

$$VH_{rel} = \frac{VH_1 - VH_o}{VH_o} \qquad (25)$$

mit VH_o als der Ausgangshärte und VH_1 als der örtlichen Härte
nach der Umformung errechnet.

<u>Einfluß der Sickentiefe</u>

Bild 28 enthält die relative Härteänderung im Sickenquerschnitt
bei gleichbleibender Werkzeuggeometrie und wachsender Sickentiefe h.

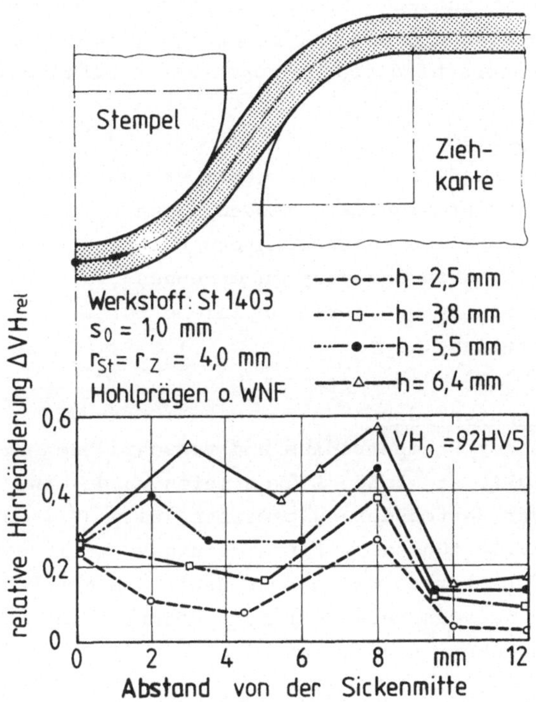

Bild 28: Relative Härteänderung über den Sickenquerschnitt für
unterschiedliche Sickentiefen.

Bei kleinen Sickentiefen (h < r_{St}) fällt die Härteänderung von
der Sickenmitte zur Sickenflanke hin ab, steigt zur Ziehkante
hin an, um zur Blechebene hin auf VH_{rel} ≈ 0,1 zurückzugehen.
Verläufe der Härte für Sickentiefen h > r_{St} sind gekennzeichnet durch zwei Maxima jeweils im Übergang Stempelrundung -
Sickenflanke und im Übergang Ziehkantenrundung zur Blechebene
(Flansch). Dadurch wird die Erkenntnis untermauert, daß geschlossene Halbrundsicken bei kleinem r_Z im Ziehkantenradius
und bei großem r_Z in der Nähe der Stempelrundung versagen. Oft

ist bei $r_Z = r_{St}$ ein Bruch an der Stempelrundung bei gleichzeitiger Einschnürung in der Ziehkantenrundung zu beobachten.

Bei der Herstellung einer Sicke wird eine möglichst große Sikkentiefe ohne Werkstoffeinschnürung bei einer gleichmäßigen Formänderungsverteilung angestrebt. Im folgenden werden daher die relativen Härteänderungen bei unterschiedlichen Werkzeuggeometrien und unterschiedlichen Sickentiefen aufgetragen.

Einfluß des Stempelradius

Wird der Ziehkantenradius konstant gehalten, werden die größten Härtewerte im Ziehkantenradius gemessen, wenn $r_Z \ll r_{St}$ ist (Bild 29). Für $r_Z \approx r_{St}$ sind gleichgroße Härteänderungen im Stempel- bzw. im Ziehkantenradius zu erkennen. Verhältnisse $r_{St}/r_Z \approx 1...2$ liefern am wenigsten ungleiche Härte- und damit Formänderungsverteilung.

Einfluß des Ziehkantenradius

Bei gleichbleibendem Stempelradius und verschiedenen Ziehkantenradien und möglichst großen Sickentiefen wurde eine gleiche Verteilung der Härteänderung gemessen (Bild 30). Verhältnisse $r_{St}/r_Z = 1...2$ führen zu Formänderungsverteilungen ohne herausragende Höchstwerte. Die höhere Härte des Werkstoffs im Flansch beweist, daß der Werkstoff bei größeren Ziehkantenradien aus der Blechebene nachfließt.

Insgesamt bewirkt eine Stempel-/Ziehkantenkombination $r_{St} \approx r_Z$ eine größere erreichbare Sickentiefe bei insgesamt geringerer Härtesteigerung, d. h. bei weniger ungleicher Formänderungsverteilung.

Die Formänderungsanalyse über eine Härtemessung in der geometrisch mittleren Faser des Sickenquerschnitts hat Vorteile, da die Auswirkungen von Zug- und Druckbeanspruchungen durch Biegevorgänge an der Oberfläche die Auswertung nicht direkt beeinflussen, wie dies bei der Messung mit Kreisrastern der Fall ist. Deshalb ergänzt diese Vorgehensweise die Formänderungsanalyse mit der Meßrastertechnik durch ihr gutes Auflösungsvermögen, was sich insbesondere in kleinen Radien als positiv darstellt.

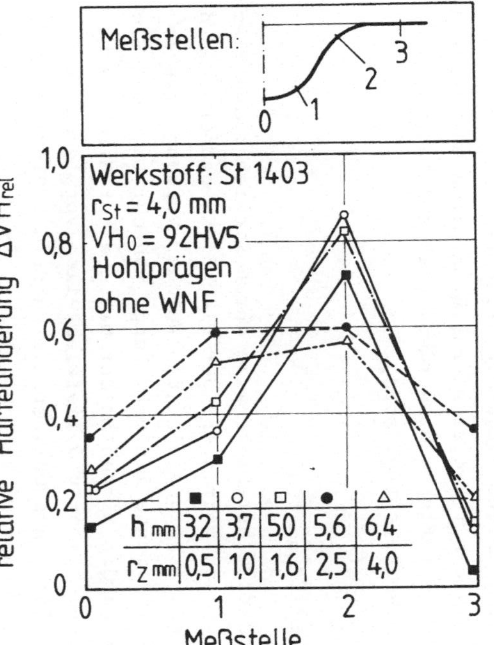

Bild 29: Relative Härteänderung über dem
Sickenquerschnitt bei konstantem
Ziehkantenradius und unterschied-
lichen Stempelradien.

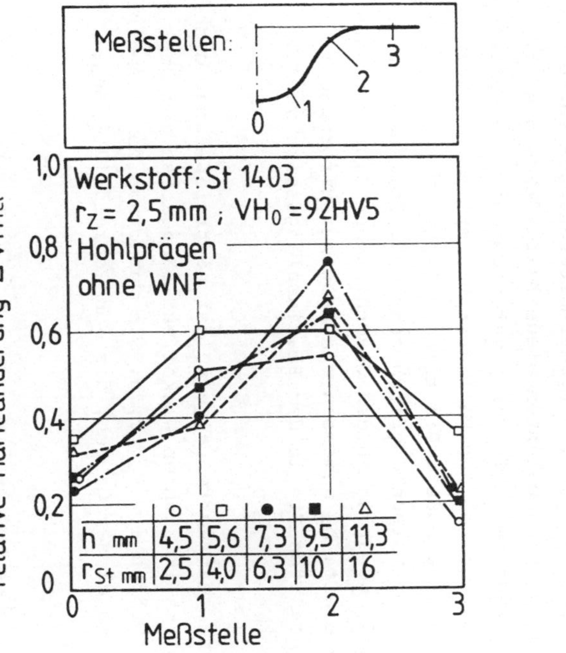

Bild 30: Relative Härteänderung über dem
Sickenquerschnitt bei konstantem
Stempelradius und unterschiedlichen
Ziehkantenradien.

Über den Ort des Werkstoffversagens kann diese Methode jedoch
nur Hinweise geben. In den Radien von Blechteilen liefert die
Formänderungsanalyse mit Kreisrastern, wenn diese auf der zug-
beanspruchten Seite aufgebracht werden, exakte Angaben über den
Ort der höchsten Werkstoffbelastung.

3.4.4 Werkstoffbedarf

Der Werkstoffbedarf einer Sicke wird durch Einziehen des Blech-
randes und/oder durch Verringern der Blechdicke gedeckt. In den
meisten Fällen tritt beides ein [6]. Welcher Vorgang jeweils
die größte Werkstoffmenge liefert, hängt von der Lage der Sicke
im Blech ab. So werden Sicken in der Mitte einer Blechfläche
und in großen Streckzieh- und Tiefziehteilen vorwiegend auf
Kosten der Blechdicke ausgebildet. Je näher die Sicke aber
parallel zum Rand eines Werkstückes liegt, umso mehr wird ihr
Werkstoffbedarf durch Einziehen des Randes gedeckt.

Im Versuchsprogramm werden die Reibungseinflüsse auf den Werkstoffbedarf durch Variation des Niederhalterdruckes sowie
der Platinenbreite bei konstantem Niederhalterdruck und der
Einfluß der Werkzeuggeometrie durch Variation des Ziehkantenradius erfaßt. Dazu wurde das Verfahren Hohlprägen mit Werkstoffnachfließen angewendet. Die tribologischen Voraussetzungen wurden für alle Versuche gleich gehalten. Folgende Vorgehensweise wurde gewählt: An den geschnittenen Platinen wurde die Ausgangsbreite b_0 gemessen und nach der Umformung mit
dem Maß der schmälsten Stelle der Platinenlängsseite verglichen.

Die theoretische gestreckte Länge a_1 der neutralen Faser des
Sickenquerschnitts im rechten Winkel zur Längsachse ist abhängig von den Größen a_0, s_0, α, h. Sie wurde aus den geometrischen Beziehungen dieser Größen, die von Petzold [25] angegeben werden, zu

$$a_1 = \frac{a_0}{\cos \alpha} + 2 \cdot (r_{St} + r_Z + s_0) \cdot (\widehat{\alpha} - \tan \alpha), \qquad (26)$$

ermittelt. Der Steigungswinkel α der Sickenflanken, der dem

Umschlingungswinkel des Bleches um die Ziehkante entspricht, kann durch die Lage der inneren Tangente zwischen Stempel- und Ziehkantenradius zuzüglich der 0,5fachen Blechdicke bestimmt werden. Die theoretische Platinenbreitenänderung Δb_{theo} berechnet sich dann zu

$$\Delta b_{theo} = a_1 - a_0, \qquad (27)$$

wobei a_0 die Gesenkweite darstellt.

Die Verwendung kleiner Ziehkantenradien $r_Z < 2 \cdot s_0$ führt zu einer Abweichung der örtlichen Platinenbreite vom theoretischen Wert nach unten (Bild 31). Für Ziehkantenradien $r_Z > 2 \cdot s_0$ läßt sich die zu erwartende Minderung der Platinenbreite, d. h. der Werkstoffbedarf, mit geringen Abweichungen vorherbestimmen.

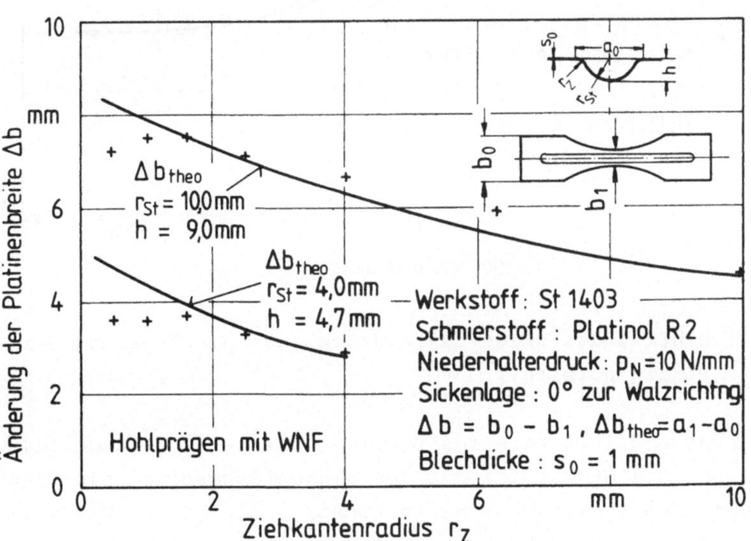

Bild 31: Änderung der Platinenbreite beim Hohlprägen mit Werkstoffnachfließen in Abhängigkeit vom Ziehkantenradius.

Steigender Niederhalterdruck behindert den Werkstofffluß beim
Hohlprägen (Bild 32). Der praktische Werkstoffbedarf entspricht
nur bei einem Niederhalterdruck $p \approx 1$ N/mm² der berechneten
Größe. Ab einem Niederhalterdruck von 8 N/mm² tritt eine gleich-
mäßige Abweichung der wirklichen Platinenbreite um ca. 8 %
nach unten auf. Die erreichte Sickentiefe stieg bei Absenkung
des Niederhalterdrucks auf kleiner 1 N/mm² um über 10 %.

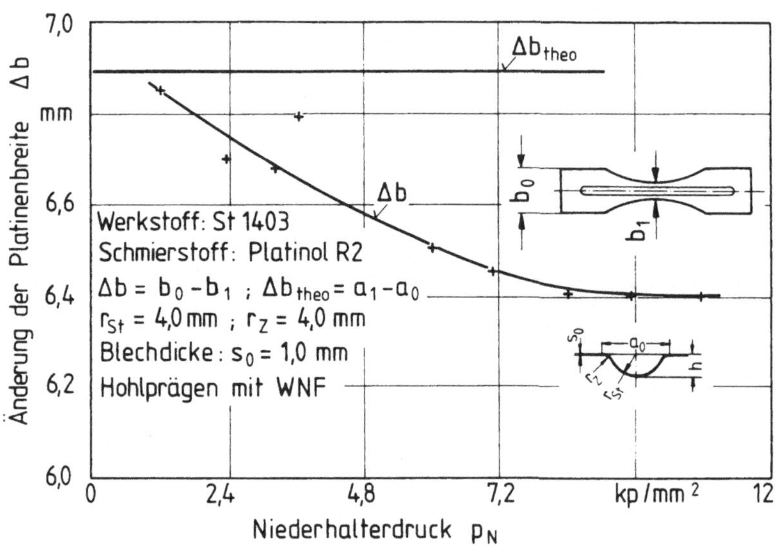

Bild 32: Einfluß des Niederhalterdrucks auf die Änderung der
Platinenbreite.

Zusammenfassend läßt sich feststellen, daß bei ungehindertem
Nachfließen des Werkstoffs aus den Sickenlängsseiten die Blechdicke über dem Sickenquerschnitt konstant bleibt, da bei Verhältnissen $r_Z/s_0 < 2$ und Niederhalterdruck $p \approx 0$ der Werkstoff
zum Erreichen der Sickentiefe ausschließlich aus der Platinenbreite genommen wird. Mit steigendem Niederhalterdruck und
kleiner werdendem Ziehkantenradius nimmt der Streckziehanteil
zu, bis das Nachfließen des Werkstoffs wie bei einer festen

Einspannung des Platinenrandes ausschließlich aus der Blechdicke genommen wird.

3.4.5 Stempelkraft

Der Kraftbedarf für das Hohlprägen offener Halbrundsicken kann durch vorhandene Berechnungsformeln abgeschätzt werden. Grundsätzlich sind zwei Arten von Gleichungen zu unterscheiden. Die eine Gruppe der Berechnungsansätze geht von einer größten übertragbaren Kraft im Sickenquerschnitt aus und enthält deshalb die Ausgangsblechdicke s_o und die Zugfestigkeit des Werkstoffs als Berechnungsgrundlage. Die zweite Gleichungsart berücksichtigt die Sickenform, die Wanddickenminderung und die Verfestigung des Sickenwerkstoffs während der Umformung. Mit den letztgenannten Gleichungen können dann tatsächliche Stempelkräfte in Abhängigkeit von der Sickentiefe berechnet werden.

Die im Schrifttum aufgeführten Berechnungsansätze für offene Sicken gehen davon aus, daß das Maß der Stempellänge,also die Länge des belasteten Blechquerschnitts, linear in die Kraftberechnung eingeht. Der belastete Querschnitt bei der Umformung von geschlossenen Sicken ist demnach der Umfang des Sickenstempels. Bei einer Vergrößerung der Gesenkweite ist jedoch zu beachten, daß sich im Unterschied zu offenen Sicken die Länge des belasteten Querschnitts bei geschlossenen Sicken ebenfalls vergrößert. Der in die Kraftberechnung eingesetzte Umfang beeinflußt somit das Ergebnis entscheidend.

Beim Herstellen einer geschlossenen Sicke durch Hohlprägen mit Werkstoffnachfließen entsteht das Sickenprofil an den Sickenenden durch eine Streckziehbeanspruchung des Werkstoffs, im Bereich der Sickenmitte im wesentlichen durch Biegevorgänge. Die Umformkräfte erreichen damit auch bei größeren Sickentiefen nicht die jeweiligen Kräfte des Hohlprägens ohne Werkstoffnachfließen. In der praktischen Anwendung des Hohlprägens von Versteifungssicken in Tief- oder Streckziehteilen ist eine Abgrenzung der beiden Verfahren Hohlprägen mit bzw. ohne Werkstoffnachfließen kaum möglich. Deshalb wird in der vorliegenden Untersuchung die Berechnung der Umformkräfte auf das Hohlprägen ohne Werkstoffnachfließen beschränkt.

Insgesamt gesehen ist zu prüfen, ob und wieweit sich die Kraft-
berechnungsformeln für offene Sicken für die Anwendung auf geschlossene Sicken eignen.

Zu diesem Zweck wurden in das Hohlprägewerkzeug Platinen mit
konstanter Breite und steigender Länge eingelegt, dabei ergeben sich für unterschiedliche Werkzeugradien nahezu gleichmäßig ansteigende Stempelkräfte bei wachsender Sickentiefe
(Bild 33). Die Kräfte steigen linear mit der Platinenlänge bis
zu dem Punkt an, an welchem die offene Sicke durch die auf
200 mm begrenzte Stempellänge zu einer geschlossenen Sicke wird.
Sobald der Werkstoff an den Stempelenden ebenfalls vom Niederhalter gefaßt wird, tritt das Versagen des Werkstoffs nicht
mehr in der Sickenflanke sondern im Sickenauslauf am Stempelende auf.

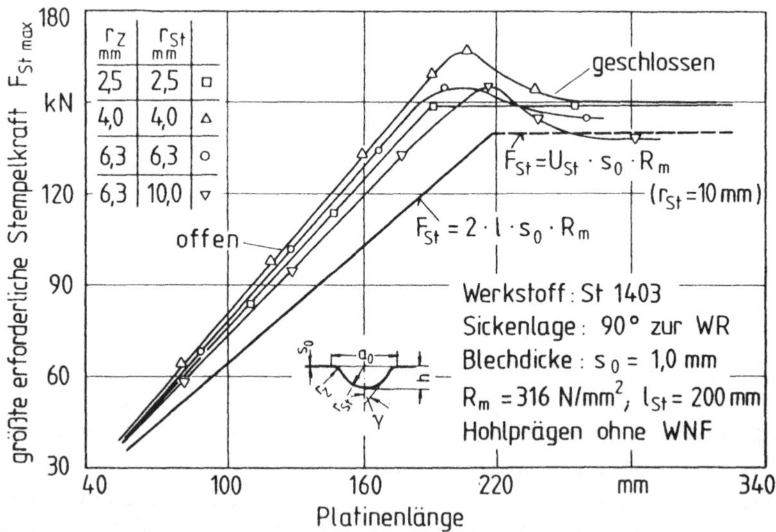

r_Z mm	r_{St} mm	
2,5	2,5	□
4,0	4,0	△
6,3	6,3	○
6,3	10,0	▽

Bild 33: Größte Stempelkraft F_{Stmax} beim Hohlprägen ohne Werkstoffnachfließen in Abhängigkeit von der Platinenlänge
(offene - geschlossene Sicken).

Dies macht sich auch im Kraftverlauf durch die zurückgehende
erreichbare Sickentiefe und die damit verbundenen geringere
Verfestigung des belasteten Sickenquerschnitts parallel zum
Stempelumfang bemerkbar. Im Schaubild ist diese Platinenlänge
durch einen deutlichen Abfall der Stempelkraft um ca. 15 %
auf einen gleichbleibende Kraft gekennzeichnet. Die vergleichenden Werte wurden mit Gl. (14) von Hilbert berechnet.

Eine theoretische Beschreibung des Kraftverlaufs, abhängig von
der Sickentiefe bei gegebenen Werkzeugradien, ist möglich, wenn
die in der Sickenflanke wirkende Kraft betrachtet wird.

Bei zunehmender Sickentiefe wird die senkrecht
zur Blechoberfläche wirkende Stempelkraft in
die Sickenflanken unter einem Neigungswinkel γ
aufgeteilt. Die Kraftkomponente, die in Flan-
kenrichtung im Blechquerschnitt wirkt, berechnet sich dann zu

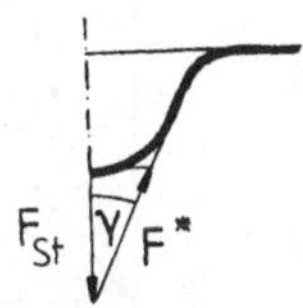

$$F^* = F_{St}/\cos \gamma . \tag{28}$$

Der Neigungswinkel γ ist ein Ergänzungswinkel im rechtwinkli-
gen Kräftedreieck zum Steigungswinkel α der Sickenflanken. Es
gilt daher

$$\gamma = 90 - \alpha . \tag{29}$$

Der Verlauf des Kosinus des Neigungswinkels γ beschreibt in
guter Näherung den Verlauf der Stempelkraft während des Umformvorganges (Bild 34). So ist bei kleinen Gesenkweiten ein
steiler Kraftanstieg und bei großem a_o mit einem flacheren Anstieg zu rechnen.

An zwei Beispiele $r_z = r_{St} = 2,5$ mm und $10,0$ mm sollen die
Möglichkeiten der vorhandenen Kraftberechnungsansätze für den
Werkstoff St 1403 geprüft werden (Bild 35).

Folgende Beziehungen wurden berücksichtigt (vgl. Abschn. 1.3):

Die in [21, 22] genannte Gl. (14) bezieht weder Werkstoff-
verfestigung noch Sickenform ein, so daß sich nur eine größte
Umformkraft angeben läßt. Die Gleichung bietet eine schnelle
Möglichkeit der Kraftabschätzung für das Hohlprägen, wenn le-

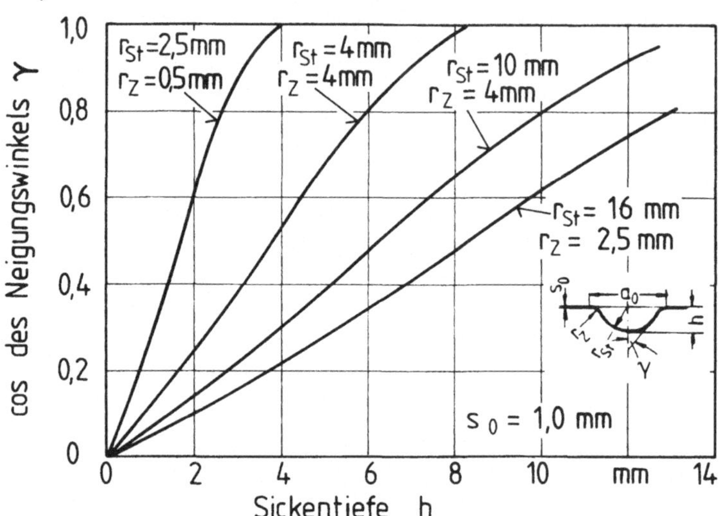

Bild 34: Abhängigkeit des Kosinus des Neigungswinkels γ von
der Sickentiefe h.

diglich eine Überlastung des Werkzeugs oder der Umformmaschine
ausgeschlossen werden soll.

Haas Gl.(15) kann den Kraftverlauf quantitativ nachvollzie-
hen, indem er die Sickenform mit Hilfe des Neigungswinkels γ
einbezieht. Beim Erreichen größerer Sickentiefen weichen die
so berechneten Ergebnisse erheblich nach unten ab.

Zur Berücksichtigung der Gegebenheiten bei geschlossenen Sik-
ken wurden die Ansätze zur Stempelkraftberechnung für offene
Sicken von Petzold [25, 40] und Kluge [41] durch die Einfüh-
rung des Stempelumfangs U_{St} ergänzt. So ergibt sich aus dem
Ansatz von Petzold die Gleichung

$$F_{St} = U_{St}\, s_0\, e^{-\varphi_{tm}}\, 1{,}15 \cdot k_f \cos \gamma. \tag{30}$$

Gl. (30) schließt bei der Berechnung der Stempelkraft einer

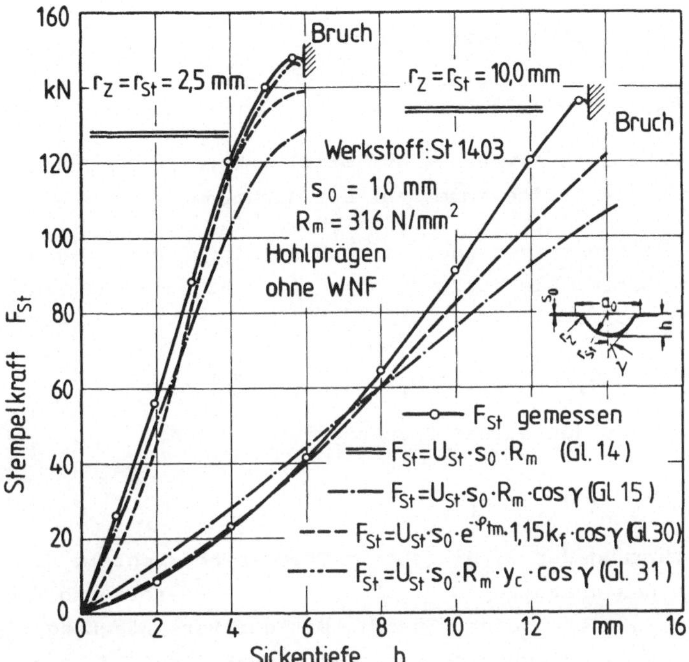

Bild 35: Stempelkraft F_{St} in Abhängigkeit von der Sickentiefe h. Vergleich der berechneten und gemessenen Stempelkräfte für St 1403.

in ihrer Form gegebenen Sicke sowohl die Sickenform als auch den Sickenwerkstoff während des Umformvorgangs ein. Das Werkstoffverhalten wird durch die Fließspannung k_f in der jeweiligen Umformstufe erfaßt. Der Berechnungsansatz beschreibt den Stempelkraft-Stempelweg-Verlauf bis zu einer mittleren Sickentiefe sehr genau und liegt dann bis zur größten Sickentiefe je nach Sickengeometrie um 7 % bis 15 % unter den experimentellen Werten. Für die praktische Anwendung der Gleichung müssen daher die berechneten Kräfte bei geschlossenen Sicken mit größeren Sickentiefen mit dem Faktor 1,15[1] multipliziert

---

1) Der Korrekturfaktor 1,15 ist rein experimentell bestimmt und völlig unabhängig vom Faktor 1,15 k_f in Gl. (30), der aus der Fließbedingung nach v. Mises abgeleitet wird.

werden. Die Gleichung lautet dann:

$$F_{Stkorr} = 1,15 \cdot U_{St} \, s_0 \, e^{-\varphi_{tm}} \, 1,15 \cdot kf \, \cos\gamma \qquad (30a)$$

Für die praktische Anwendung auf Stahlwerkstoffe liegen damit die errechneten Kräfte immer auf der sicheren Seite.

Gl. (30a) gilt nach der Theorie nach v. Mises für homogene, isotrope Werkstoffe. Die zugrunde gelegte Fließbedingung lautet (s. Abschn. 1.2):

$$(\sigma_t - \sigma_1)^2 + (\sigma_1 - \sigma_r)^2 + (\sigma_r - \sigma_t)^2 = 2k_f^2 \qquad (1)$$

Daraus wird für den ebenen Spannungszustand mit $\sigma_r = 0$:

$$\sigma_t^2 + \sigma_1^2 - \sigma_t\sigma_1 = k_f^2 \qquad (30b)$$

In Weiterführung der v. Misesschen Theorie betrachtete Hill [72] den Fall eines anisotropen Fließverhaltens. Hosford und Backofen (nach [73]) wendeten diese Theorie mit der Vereinfachung einer Isotropie in der Blechebene auf einige praktische Fälle an. Zur Kennzeichnung des anisotropen Werkstoffverhaltens genügt dann den Kennwert der senkrechten Anisotropie r in Gl. (30b) einzusetzen. Die Fließbedingung lautet damit:

$$\sigma_t^2 + \sigma_1^2 - \sigma_t\sigma_1 \left(\frac{2r}{r + 1} \right) = k_f^2 \qquad (30c)$$

Gl. (30c) gilt für ein Spannungsverhältnis $\sigma_1 = \frac{r}{r + 1} \sigma_t$.
Das Verhältnis eingesetzt in Gl. (30c) ergibt den Fließbeginn im anisotropen Werkstoff zu:

$$\sigma_t^2 + \left(\frac{r}{r + 1}\right)^2 \sigma_t^2 - \left(\frac{r}{r + 1}\right) \left(\frac{2r}{r + 1}\right)\sigma_t^2 = k_f^2 \qquad (30d)$$

Der größte und kleinste r - Wert des St 1403 von $r_{45°} = 1,25$ bzw. $r_{90°} = 1,99$ (s. Tab. 2) in Gl. (30d) eingesetzt führt zu einem Fließbeginn bei einer tangentialen Spannung $\sigma_t = 1,2 \, k_f$ bzw. $\sigma_t = 1,34 \, k_f$. Der Fließbeginn des anisotropen Werkstoffs liegt demnach genau um den experimentell bestimmten Korrekturfaktor 1,15 höher als der des isotropen Werkstoffs.

Der Stempelumfang U_{St} als Maß für die belastete Länge des
Blechquerschnitts, eingesetzt in die Beziehung von Kluge
(Gl. (20)) ergibt:

$$F_{St} = U_{St} \; s_o \; R_m \; y_c \; \cos \gamma \tag{31}$$

Mit einem Faktor y_c, der Bild 6 (Abschn. 1.3) zu entnehmen ist,
läßt sich aus dem mittleren tangentialen Umformgrad φ_{tm} und
dem Verfestigungsexponent n ohne Kenntnis der Fließkurve des
Werkstückwerkstoffs die Stempelkraft vorherbestimmen. Die gewonnenen Werte entsprechen mit geringer Abweichung den Werten

berechnet mit Gl. (30) . Lediglich bei kleinen Sickenabmessungen
mit Sickentiefen nahe dem Werkstoffversagen, erbringt Gl. (31)
eine genauere Bestimmung der Stempelkräfte.

Eine Bewertung der verwendeten Gleichungen bezüglich ihrer
Eignung für den praktischen Einsatz kann wie folgt vorgenommen
werden:

Für mittlere bis große Sickentiefen $h_{max}/2 < h < h_{max}$ ist das
Ergebnis aus Gl. (30) mit dem Faktor 1,15 zu korrigieren. Dieser Zusammenhang wurde auch von Kluge für geschlossene tapez-
förmige Sicken erkannt. Für kleine Ziehkantenradien $r_z/s_o < 2$
bei großem Stempelradius r_{St} liegen die nach Gl. (31) berechneten Kräfte höher als die praktisch ermittelten. Eine einfache Abschätzung der größten Umformkraft ist in Gl. (14) von
Hilbert zu sehen.

Am Beispiel des St 1403 bei einer Werkzeugkombination Stempelradius und Ziehkantenradius gleich 4,0 mm soll dargestellt
werden, wie sich der mittlere tangentiale Umformgrad φ_{tm} zu
einem örtlichen Umformgrad φ_1 verhält. Außerdem soll geklärt
werden, ob,und auf welche Weise,durch die gewählte Vorgehensweise die Berechnung der Umformkraft beeinflußt wird. Als Stelle der größten Werkstoffverfestigung wurde nach der Härtever-
teilung der Bereich des Ziehkantenradius erkannt. Entsprechend
vorbereitete Probenquerschnitte mit wachsender Sickentiefe

- 86 -

h = 3,8, 5,5 und 6,4 mm wurden auf dem Profilprojektor bezüglich ihrer Wanddickenverringerung im Ziehkantenradius vermes-
sen. Die Auswertung ergab, daß die Stelle größter Blechdickenabnahme je nach Sickentiefe mit geringen Abweichungen im senkrechten Abstand von 7 mm zur Sickenlängsachse lag. An dieser
Stelle wurde eine örtliche Blechdicke zwischen 0,95 und 0,87 mm
gemessen (Bild 36). Dies entspricht einem örtlichen Umformgrad
φ_{r1} in Blechdickenrichtung zwischen 0,05 und 0,14. Der mittlere Umformgrad φ_{tm} liegt mit 0,1 bis 0,26 deutlich höher. Der
Unterschied macht sich entscheidend in der Bestimmung der zugehörigen Fließspannung aus der Fließkurve (Bild 9) bemerkbar,
die für den örtlichen gegenüber dem mittleren Umformgrad um
15 % geringer ist. Der Umfang U_1 des belasteten Querschnitts
steigt im Vergleich zum Stempelumfang U_{St} um 5 %, da die örtliche Einschnürung im Abstand von 3 mm zur Stempelkontur liegt.

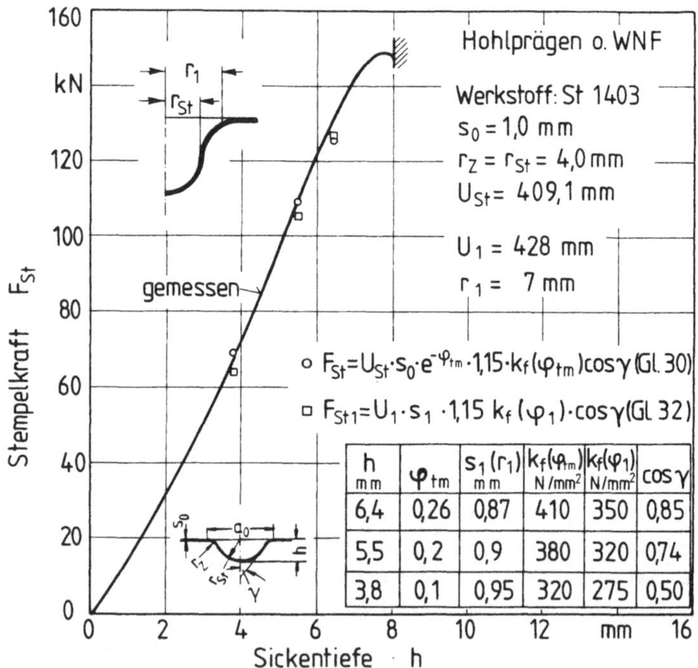

h mm	φ_{tm}	$s_1 (r_1)$ mm	$k_f(\varphi_{tm})$ N/mm²	$k_f(\varphi_1)$ N/mm²	$\cos\gamma$
6,4	0,26	0,87	410	350	0,85
5,5	0,2	0,9	380	320	0,74
3,8	0,1	0,95	320	275	0,50

Bild 36: Stempelkraft F_{St} in Abhängigkeit von der Sickentiefe h.
Berechnung der Kräfte über einen mittleren und einen
örtlichen Umformgrad.

Werden Gl. (30) und eine Gleichung für die Stempelkraft, die
die über den örtlichen Umformgrad ermittelte tatsächliche Wanddicke s_1 berücksichtigt

$$F_{St} = U_1 \; s_1 \; 1,15 \cdot k_f (\varphi_1) \; \cos \gamma \qquad (32)$$

mit den gemessenen Werten für die Umformkraft verglichen, so
ist eine Abweichung von durchschnittlich 3% zu erkennen. Diese
geringe Abweichung läßt auf eine hinreichende Genauigkeit der
Stempelkraftberechnung für geschlossene Halbrundsicken nach
der Methode von Petzold bzw. Kluge für Stahlblech schließen.

Für die Aluminiumlegierung AlMg 5 werden mit den vorgestellten
Gleichungen Stempelkräfte berechnet, die weit über den experimentell bestimmten Stempelkräften liegen (Bild 37).

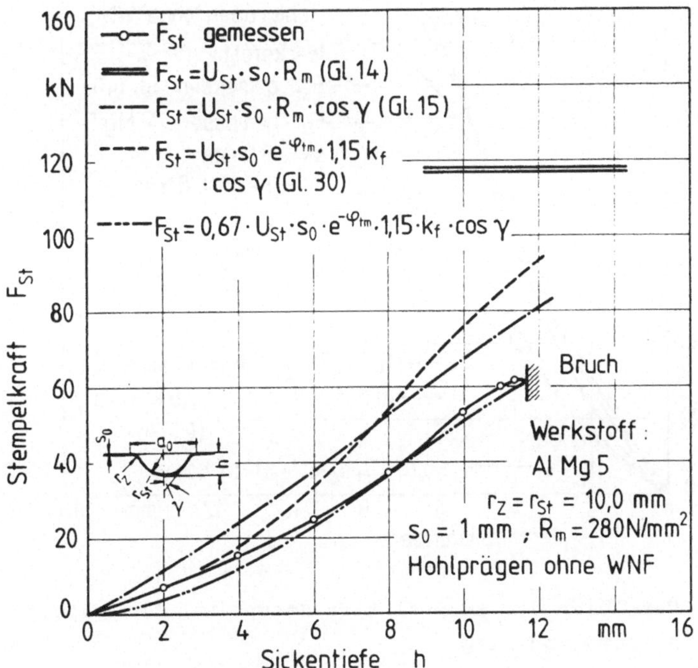

Bild 37: Vergleich der berechneten und gemessenen Stempelkräfte für AlMg 5.

Untersuchungen an mehreren Stempelkraft-Stempelweg-Schaubildern
ergaben, daß die Stempelkraft nach Gl. (30) mit einem Faktor
0,67 korrigiert werden muß, um die wirklichen Verhältnisse zu
beschreiben. Im Vergleich zu St 1403 liegt die gemessene höchste
Stempelkraft für AlMg 5 um 48 % niedriger (Bild 38). Der Vergleich der Fließkurven der beiden Werkstoffe und damit der
Fließspannungen als bestimmender Werkstoffkennwert läßt keinen
entsprechend großen Unterschied erkennen (s. Bild 9). Auch
die Zugfestigkeit (s. Tabelle 2) von AlMg 5 ist nur um 12 %
geringer als diejenige von St 1403.

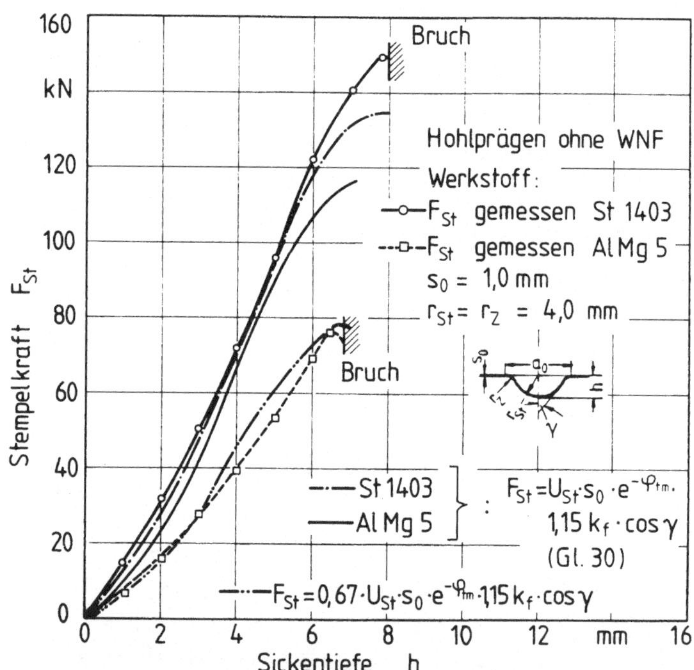

Bild 38: Vergleich der Stempelkraft-Stempelweg-Verläufe für
St 1403 und AlMg 5.

Die Berücksichtigung des anisotropen Werkstoffverhaltens entsprechend Gl. (30d) bringt für AlMg 5 lediglich eine unwesent-
liche Verringerung des Abstandes zwischen gemessenen und be-

rechneten Kräften. So wird nach Gl. (30d) ein Fließbeginn für $r_{0°} = 0,69$ bzw. $r_{90°} = 0,86$ von $\sigma_t = 1,1\ k_f$ bzw. $\sigma_t = 1,13\ k_f$ ermittelt.

Das Ergebnis steht im Einklang mit Feststellungen von Gologranc [74], wonach die Berücksichtigung des anisotropen Werkstoffverhaltens bei Werkstoffen mit r-Werten $<$ 1 nach Hill [72] zu keinen befriedigenden Erkenntnissen führt.

Von Hill wurde in der Zwischenzeit eine allgemeine Formulierung der Fließbedingung für anisotrope Werkstoffe in [75] angegeben. Für den Fall $\sigma_r = 0$ gilt der Ansatz:

$$(\sigma_t + \sigma_1)^m + (1 + 2r)\ (\sigma_t - \sigma_1)^m = 2(1 + r)\ k_f^2 \qquad (33)$$

Der Exponent m kann für Werkstoffe mit $r < 1$ Werte zwischen 1,5 und 2 annehmen. Jedoch kann kein analytischer Zusammenhang zwischen r und m , sondern nur ein experimentell ermittelter aufgezeigt werden. Hill gibt aus Untersuchungen für weiches Aluminium für $r = 0,72$ ein $m = 1,8$ und für $r = 0,63$ ein $m = 1,7$ an. Hieraus ist für AlMg 5 mit $r_{0°} = 0,69$ ein m-Wert von 1,76 abzuleiten. Mit diesem Wertepaar errechnet sich dann aus Gl. (33) ein Fließbeginn für AlMg 5 von $\sigma_t = 1,12\ k_f$.

Aus der Betrachtung ist zu schließen, daß die Berechnung des Kraftbedarfs für das Hohlprägen von AlMg 5 nach Gl.(30) durch die Berücksichtigung des anisotropen Werkstoffverhaltens nicht entscheidend verbessert werden kann. Für die praktische Anwendung der Gl. (30) auf Aluminiumlegierungen mit r-Werten $<$ 1 muß das Ergebnis mit dem experimentell ermittelten Faktor 0,67 multipliziert werden, um die tatsächlichen Umformkräfte zu erhalten.

Blaich [57] ermittelte beim Ziehen kreisrunder Näpfe ebenfalls geringere Stempelkräfte für AlMg 5 als aus der Kenntnis der Zugfestigkeit und der Fließkurve zu erwarten war.

Die vorgestellten Ergebnisse verdeutlichen, daß sich mit den Fließbedingungen von Hill (Gl. (33)) und Hosford /Backofen (Gl. (30d)) das typische Verhalten von Aluminiumlegierungen mit r-Werten $<$ 1 bei der Umformung nicht befriedigend beschreiben läßt. Zur Klärung dieser Problematik sind Grundsatzuntersuchungen an Werkstoffen mit r-Werten $<$ 1 erforderlich.

Der Einfluß der Anisotropie des Versuchswerkstoffs St 1403 auf
die gemessene Stempelkraft ist, wie die Werkstoffkennwerte
(s. Tabelle 2) bereits vermuten ließen, sehr gering (Bild 39 a).
Im Hinblick auf den Unterschied im Kraftbedarf von nur 3 % je
nach Sickenlage zur Walzrichtung, ist dieser Einfluß für die
praktische Anwendung des Verfahrens nur von geringer Bedeutung.

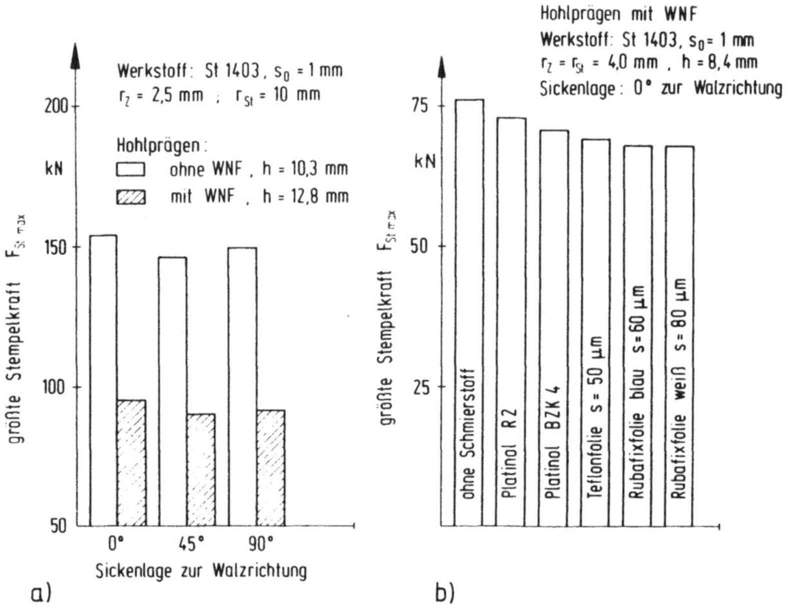

Bild 39: Einfluß der a) Sickenlage zur Walzrichtung des Versuchswerkstoffs St 1403 und b) der Schmierstoffe auf
die Stempelkraft.

Der Einfluß der verwendeten Schmierstoffe (s. Tabelle 3) auf
die erforderliche Stempelkraft wurde am Verfahren Hohlprägen
mit Werkstoffnachfließen untersucht, da hier im Mittelbereich

der Sicke größere Relativbewegungen zwischen Werkzeug- und
Werkstückoberfläche stattfindet (Bild 39 b). Die Sickenlängsachse lag dabei im Winkel von 0 ° zur Walzrichtung bei einer
Werkzeugkombination $r_Z = r_{St} = 4,0$ mm. Der nominelle Kraftun-
terschied betrug zwischen der Probe mit gereinigter und unge-
schmierter Oberfläche und der mit Folie beschichteten Oberfläche maximal 10 %.

Dieser Wert kann auch für andere Werkzeuggeometrien als rich-
tig betätigt werden. Der Einfluß der flüssigen Schmierstoffe
stieg mit kleiner werdender Viskosität. In der industriellen
Anwendung kann somit die Wahl der Schmierstoffe beim Hohlprägen von Versteifungssicken hinsichtlich der erforderlichen
Stempelkraft in den Hintergrund gestellt werden.

3.5 Versteifungswirkung

3.5.1 Experimentelle Ermittlung

Die Beurteilung der Versteifungswirkung von geschlossenen Halbrundsicken in ebenen Blechzuschnitten kann bei einem gegebenen Belastungsfall entweder durch einen Vergleich der Durchbie-
gungen unter einer definierten Kraft oder durch eine Umrechnung
dieser Größen unter Berücksichtigung der Randbedingungen mit
Hilfe der Stabtheorie auf das axiale Flächenträgheitsmoment
des Sickenquerschnitts erfolgen. Das Flächenträgheitsmoment
ist für einen Vergleich besonders geeignet, da werkstoffseitig
nur der Elastizitätsmodul in die Rechnung eingeht und
dieser durch Verformungseinflüsse keine Änderung erfährt. Die
Bestimmung des Flächenträgheitsmomentes unter Anwendung der
Stabtheorie ist mit Fehlern behaftet, da es sich bei einer
Sicke um ein schalenförmiges Gebilde handelt, auf welches die
vereinfachenden Annahmen der elementaren Balkenbiegung: ebene
Querschnitte bleiben eben, Querschnittsform bleibt konstant und
Schubspannungsfreiheit nur bedingt zutreffen. Dennoch bietet
die Stabtheorie eine einfache Möglichkeit, aus einem Biegever-

such auf die Versteifungswirkung eines Sickenprofils zu schliessen.

Für die experimentelle Bestimmung der Durchbiegung wurde der Belastungsfall eines beidseitig frei aufliegenden Trägers mit mittig angreifender Kraft gewählt. Das axiale Flächenträgheitsmoment wird dann berechnet [63] zu

$$I_X = \frac{F}{f_m} \frac{L^3}{48 \cdot E},$$ (34)

wobei F die eingeleitete Kraft, L der Abstand der Auflager (Stützweite), f_m die mittige Durchbiegung, E der Elastizitätsmodul des Werkstoffs und der Faktor 48 eine lastfallabhängige Konstante darstellt.

3.5.1.1 Versuchsplan und Versuchswerkzeug

Die experimentelle Ermittlung des Flächenträgheitsmoments über Biegeversuche, soll für alle möglichen Stempel- und Ziehkantenkombinationen (s. Bild 7) durchgeführt werden. Für alle Sickengeometrien werden unterschiedliche Sickentiefen untersucht. Der Einfluß der Wanddickenminderung im Sickenquerschnitt soll durch den Einsatz von Profilen, die durch Hohlprägen mit bzw. ohne Nachfließen des Werkstoffs hergestellt wurden, festgestellt werden. Außerdem wird der Einfluß der Probenbreite auf das Ergebnis erfaßt. Offene Profile sind durch eine Belastung Veränderungen ihres Querschnitts unterworfen. Eine Betrachtung soll klären, wie groß der Einfluß dieser Formänderung auf das Flächenträgheitsmoment des Profils ist.

Die Belastung der Sicke erfolgt auf der Flanschseite des Profils, so daß die Positivseite der Platine als Auflagerseite dient.

Für die Versuche wurde eine Vorrichtung konstruiert und gebaut, mit welcher für alle Sickenprofile die Durchbiegung bei einer variablen Kraft F gemessen und ein Kraft-Durchbiegung-Verlauf aufgezeichnet werden kann (Bild 40). Auf einer Grundplatte sind vier verstellbare Auflagerböcke angeordnet, die nach oben in einer Schneide mit einer kleinen Abrundung auslaufen. Der Auf-

lagerabstand, der der Stützweite L entspricht, beträgt 180
(160) mm. Durch symmetrisches Verschieben der Auflager quer
zur Längsachse wurden diese den unterschiedlichen Sickengeometrien angepaßt, so daß für alle Versuche reproduzierbare Bedingungen erreicht wurden. Die Krafteinleitung erfolgt über
eine flachgängige Spindel, die auf ein säulengeführtes, abge-
federtes Querhaupt wirkt. Die Kippung des Querhaupts unter Last
wird verhindert, indem es mit der Spindel über ein Drucklager
flexibel verbunden ist. Die linienförmige Belastung des Sickenprofils wird über eine abgerundete Schneide mittig im rechten
Winkel zur Sickenlängsachse aufgebracht. Zwischen Schneide und
Querhaupt sind zwei piezo-elektrische Kraftaufnehmer symmetrisch
eingebaut. Unter dem Sickenrücken im Mittelpunkt des Sickenprofils erfaßt ein induktiver Weggeber das Maß der Durchbiegung.

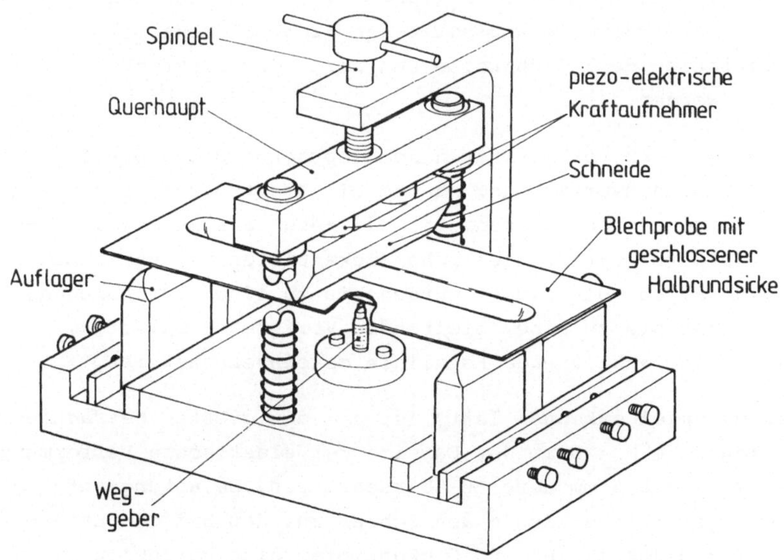

Bild 40: Belastungsvorrichtung für hohlgeprägte Blechprofile.

Die Signale der beiden Kraftaufnehmer und des induktiven Weg-
gebers werden über Verstärker bzw. Meßbrücke auf einen x-y-
Schreiber gegeben. Damit wird eine Aufzeichnung von Kraft-

Durchbiegungs-Verläufen ermöglicht.

3.5.1.2 Versuchsdurchführung und -auswertung

Für jede Stempel-Ziehkantenkombination wurden je zwei Sicken-
proben in drei bzw. vier unterschiedlichen Tiefen durch Hohlprägen ohne Nachfließen des Werkstoffs hergestellt. Die größte
Sickentiefe lag dabei an der Grenze zum Werkstoffversagen. Aus-
gewählte Kombinationen mit kleinen Ziehkantenradien wurden mit
Werkstoffnachfließen hohlgeprägt, da hier mit einem deutlichen
Unterschied zwischen beiden Verfahren bezüglich der Blechdickenminderung zu rechnen war. Ein Beschneiden der Proben auf eine
einheitliche Breite von b = 60 mm symmetrisch zur Sickenlängsachse schloß die Probenvorbereitung ab. Der Einfluß der Probenbreite auf die Durchbiegung sollte an einer Sickenabmessung
durch Variation der Blechbreite und damit der Flanschbreite
ermittelt werden.

Nach Einlegen der vorbereiteten hohlgeprägten Blechstreifen
in die Belastungsvorrichtung konnte ein Kraft-Durchbiegungs-
Verlauf aufgezeichnet werden. Bild 41 zeigt als Beispiel sol-
che Verläufe für unterschiedliche Sickentiefen bei unveränder-
ten Sickenradien. Die Sicken wurden bis zu einer Durchbiegung
von 1 mm oder bis zu einer bleibenden Verformung belastet,
die durch eine abknickende Kennlinie gekennzeichnet ist.

Wie das Beispiel erkennen läßt, ist bei der größten betrachteten Sickentiefe h = 6 mm der Bereich der elastischen Verformung
bei einem f_m = 0,6 mm bereits überschritten. Belastung-Ent-
lastungs-Aufschriebe lassen den Schluß zu, daß bei den untersuchten Sickengeometrien und Sickentiefen eine Durchbiegung
kleiner 0,5 mm einzuhalten ist, um eine bleibende Verformung
sicher zu umgehen. Die Abgrenzung ist notwendig, da die Ansätze der elementaren Stabtheorie nur im elastischen Bereich
des Werkstoffs anzuwenden sind.

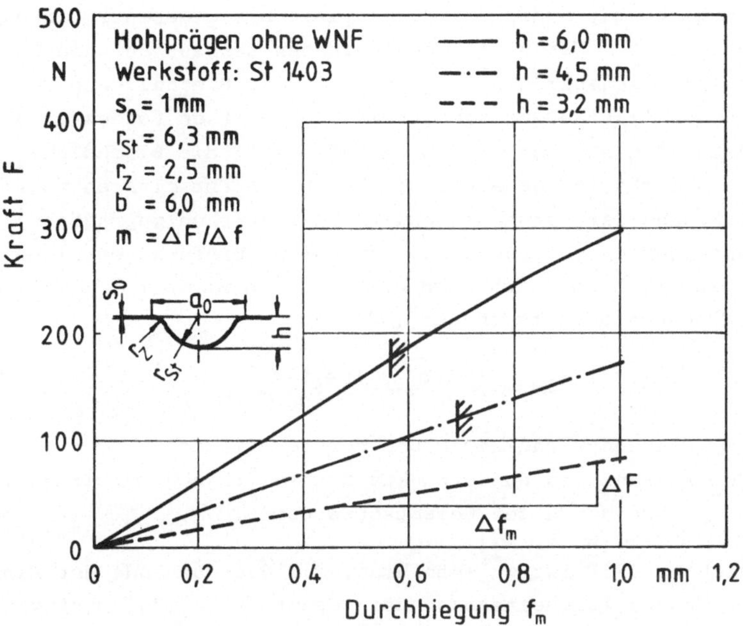

Bild 41: Kraft-Durchbiegungs-Schaubild von Sickenprofilen
unterschiedlicher Tiefe.

Die Steigung m der Geraden aus Bild 41 führt mittels Gl. (34)

$$I_{exp} = \frac{L^3}{48 \cdot E} \frac{F}{f_m} = C \frac{\Delta F}{\Delta f_m} = C \cdot m \qquad (34a)$$

zu einem experimentell-rechnerischen Trägheitsmoment.

Die Konstante C, die vom Belastungsfall und vom E-Modul des
Versuchswerkstoffs abhängt, wurde

	für Stahl zu	C = 0,58
und	für Aluminium zu	C = 1,76

bestimmt.

3.5.1.3   Ergebnisse

Die Blechdicke hat neben der Sickentiefe bei gegebener Sickenform und gleichem Werkstoff den stärksten Einfluß auf die Größe
des axialen Flächenträgheitsmoments, da die Blechdicke bei
einem ebenen Platinenquerschnitt mit der dritten Potenz in die
Berechnung eingeht. Aus Gewichtsgründen soll die Blechdicke
so klein wie möglich gehalten werden. Daher ist eine entschei-
dende Erhöhung der Versteifungswirkung einer hohlgeprägten
Sicke nur über eine Vergrößerung der Sickentiefe zu erreichen.
Dies ergibt sich deutlich nach dem Satz von Steiner für das
axiale Flächenträgheitsmoments [63]:

$$I_{xges} = \Sigma \, I_i + \Sigma \, e_{S_i}^2 \cdot A_i \qquad (35)$$

mit I_i Flächenträgheitsmomente der Teilflächen
       e_S Abstand des Schwerpunkts der Teilfläche zur Trägheits-
       achse durch den Gesamtschwerpunkt.

Aus Gleichung (35) ist zu entnehmen, daß die Abstände der Ein-
zelelemente zur Trägheitsachse der Gesamtfläche möglichst groß
sein müssen, um ein optimales Trägheitsmoment zu erhalten. Dieses Ziel kann nur über eine maximale Sickentiefe bei festste-
henden Randbedingungen erreicht werden.

Einfluß der Herstellverfahren

Durch Sicken versteifte Platinen, die durch Hohlprägen mit bzw.
ohne Nachfließen des Werkstoffs hergestellt werden, unterscheiden sich dadurch, daß letztere eine größere Wanddickenverringerung sowie eine höhere Werkstoffverfestigung über dem Sickenquerschnitt aufweisen. Die Wanddickenminderung führt bei sonst
gleichen Sickenabmessungen zu einer Abnahme des Flächenträgheitsmoments. Der Unterschied wird dadurch gering gehalten,
daß die geschwächten Flächenelemente in der Nähe des Gesamtschwerpunkts liegen und deshalb flächenmäßig zur Gesamtfläche
nur wenig beitragen.

Die Verfestigung des Werkstoffs durch die Umformung hat ein
besseres Belastungsverhalten des Querschnitts zur Folge. Da
die Streckgrenze zu höheren Werten verschoben wird, tritt das

Fließen des Werkstoffs erst bei höherer Kraft ein als beim un-
verfestigten Werkstoff. Auf das Flächenträgheitsmoment und damit auf die Versteifungswirkung der Sicke hat die Verfestigung
des Werkstoffs keinen Einfluß (Bild 42).

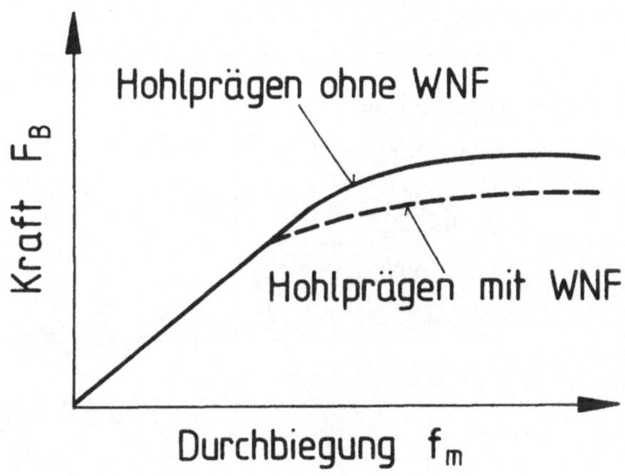

Bild 42: Qualitativer Kraft-Durchbiegungs-Verlauf.
        Vergleich: Hohlprägen mit und ohne Werkstoffnach-
        fließen.

Die Auswirkungen des Herstellungsverfahrens auf das experimentell-rechnerisch ermittelte Flächenträgheitsmoment eines Sik-
kenquerschnitts zeigt Bild 43. Der Einfluß konnte nur an einer
kleinen Sickengeometrie deutlich gemacht werden, da mit zunehmenden Querschnittsabmessungen die geringen Unterschiede durch
den überragenden Einfluß der Sickentiefe überdeckt werden. Bei
einer kleinen Sickentiefe stellt sich zwischen den Herstellungsverfahren ein Unterschied im Trägheitsmoment von 20 % ein, der
mit wachsender Tiefe immer mehr zurückgeht. Die Streuung der
Werte für flache Profile wird auch von der Schwankung der Aus-

gangsblechdicke hervorgerufen. Eine Minderung der Ausgangsblechdicke um 3 % führt zu einer Verkleinerung des Trägheits-
moments um nahezu 9 %. Die Messunsicherheit bei der Ermittlung
der Sickentiefe flacher Sickenprofile fällt ebenso stark ins
Gewicht.

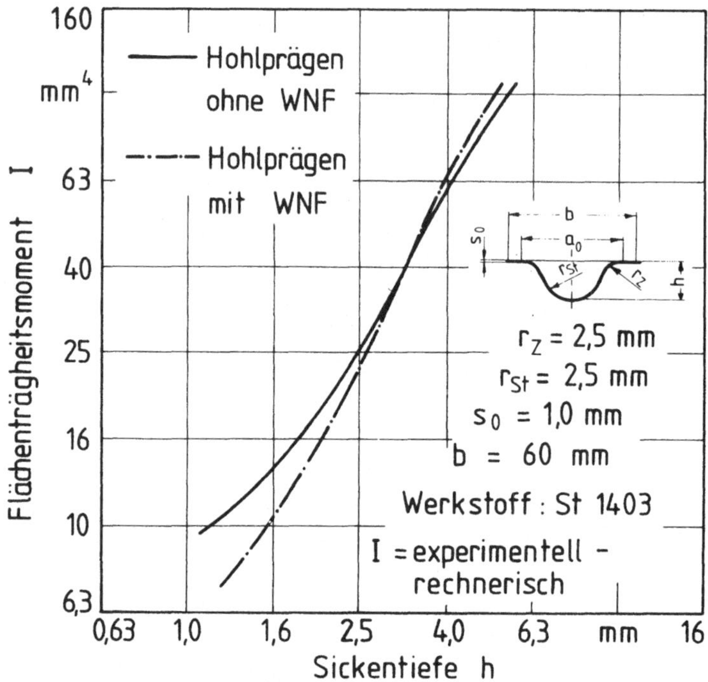

Bild 43: Einfluß des Herstellungsverfahrens auf das Flächenträgheitsmoment in Abhängigkeit von der Sickentiefe.

Einfluß des Stempel- und Ziehkantenradius

Die beiden Sickenradien beeinflussen bei konstanter Profilbreite das Flächenträgheitsmoment im Vergleich zur Sickentiefe wenig. Wird ein Ziehkantenradius von r_Z = 2,5 mm bei einer Sickentiefe h = 4,0 mm zugrunde gelegt und der Stempelradius von r_{St} = 2,5 mm auf 16 mm vergrößert, so steigt das Trägheitsmoment von I = 60 mm^4 auf 90 m^4. Dieselbe Wirkung wird erzielt, wenn die Sicke mit dem kleinsten Stempelradius r_{St} = 2,5 mm von h = 3,7 auf 4,6 mm Tiefe eingebracht wird.

Eine Variation des Ziehkantenradius zwischen 0,5 mm und 4,0 mm bei einem Stempelradius von r_{St} = 4,0 mm und einer Sickentiefe h von ebenfalls 4,0 mm führt zu einem von I = 46 mm^4 auf 70 mm^4 erhöhten Flächenträgheitsmoment, wobei für r_Z = 1,0 mm und 1,6 mm gleichbleibende Werte festgestellt wurden.

Einfluß der Profilbreite

Der Einfluß der Profilbreite b zwischen 30 mm und 80 mm ist bei einer Sickengeometrie r_{St} = r_Z = 2,5 mm mit h = 4,2 mm nach den experimentellen Ergebnissen durch eine Zunahme des Flächenträgheitsmoments um 12 % gekennzeichnet. Für größere Sickenbreiten und Sickentiefen wird der Einfluß in den genannten Grenzen der Profilbreiten vernachlässigbar gering.

3.5.2 Rechnerische Ermittlung der Versteifungswirkung

Als Maß für die Versteifungswirkung der Sicke wird die Größe des axialen Flächenträgheitsmoments des Sickenquerschnitts in Sickenmitte bezüglich der durch den Flächenschwerpunkt führenden horizontalen Trägheitsachse (Nullinie) angesetzt (Bild 44).

Folgende Berechnungsverfahren wurden ausgewählt:

1. Bestimmung des axialen Flächenträgheitsmoments des idealen Sickenquerschnitts durch eine geschlossene Lösung des Integrals

$$I_x = \int^A z^2 \, dA .$$

(36)

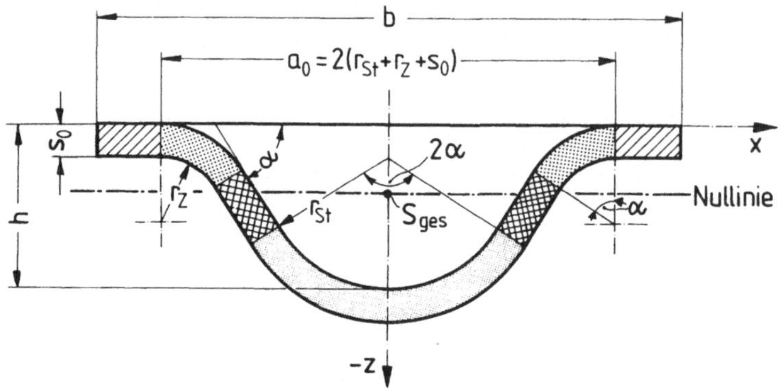

Bild 44: Schwerpunkt und Trägheitsachse am halbrunden Sickenquerschnitt.

2. Bestimmung des axialen Flächenträgheitsmoments realer Sik-
   kenquerschnitte aus den Umfangskoordinaten der Querschnittsfläche.

3. Simulation des Belastungsversuchs mit Hilfe der Methode
   finiter Elemente (FEM) zur Ermittlung der Durchbiegung bei
   einer gegebenen Kraft. Berechnung von I_x über die elemen-
   tare Stabtheorie.

Die beiden Verfahren 1 und 2 ermöglichen die Bestimmung des
Flächenträgheitsmoments (das Flächenmoment 2. Grades) direkt
aus der Flächengestalt, während Verfahren 3 eine Verbindung
von FEM und der elementaren Stabtheorie darstellt.

3.5.2.1 <u>Bestimmung des Flächenträgheitsmomentes aus der
         Fläche des idealen Sickenquerschnitts</u>

Der Begriff des idealen Sickenquerschnitts beinhaltet eine
gleichbleibende Blechdicke s_0 über den gesamten Querschnitts-
verlauf sowie eine rechtwinklige Lage des Sickenflansches zur
Symmetrieachse z. Zur Beschreibung der Flächenform werden die

Werkstückabmessungen Platinenbreite b, Blechdicke s_o und die
Sickentiefe h als bekannt vorausgesetzt. Die Berechnung des
Flächenträgheitsmoments durch Lösen des Integrals $I_x = \int^A z^2 dA$
erfordert eine Aufteilung der Gesamtfläche in Einzelflächen:
Flanschbereich, Bereich der Ziehkantenradien, Flankenbereich
(Tangente zwischen r_z und r_{St}) und Bereich des Stempelradius
(Bild 44).

Zur Ermittlung der Größe der Flächenstücke muß die Berechnung
des Steigungswinkels α der Sickenflanken zur x-Achse aus
vorgenommen werden. Für $h < a_o/2$ und $a_o = 2 (r_{St} + r_z + s_o)$
gilt die Beziehung

$$\alpha = \text{arc tan} \left(\frac{a_o}{a_o - 2h} \right) - \text{arc tan} \left(1 - \frac{2h}{a_o} \right). \tag{37}$$

Für $h > a_o/2$ wird $\alpha = \pi/2 = 90°$. Der Winkel entspricht dem
Bogenwinkel des Bleches am Ziehkantenradius. Am Stempelradius
ist der Bogenwinkel mit 2α anzusetzen.

Mit den vorliegenden Daten können die Größen der Einzelflächen
und die Lage der zugehörigen Flächenschwerpunkte errechnet
werden. Der Gesamtschwerpunkt z_S der zusammengesetzten Fläche
der auf der z-Achse liegt, ist dann mit der Gleichung

$$z_{Sges} = \frac{\Sigma \, z_{si} \, A_i}{\Sigma \, A_i} \tag{38}$$

zu bestimmen. Nach der Berechnung der Flächenträgheitsmomente
der Einzelflächen bezüglich ihres Schwerpunkts – dies kann
durch Integrieren der Flächen oder aus Querschnittstafeln in
technischen Handbüchern geschehen – wird das Gesamtträgheits-
moment der Querschnittsfläche bezüglich der Nullinie nach dem
Satz von Steiner (Gl. 35) zusammengestellt.

Der beschriebene Berechnungsvorgang konnte, in ein Rechenprogramm gefaßt, auf einen programmierbaren Taschenrechner sowie zur schnellen Beurteilung der Ergebnisse auf einen Tisch-
rechner mit angeschlossenem Plotter, installiert werden. Nach
Eingabe der Geometriedaten des halbrunden Sickenquerschnitts
erfolgte die Berechnung und die Ausgabe des Flankenneigungs-
winkels α, der Koordinate des Gesamtschwerpunkts z_{Sges} und des

Flächenträgheitsmoments I.

3.5.2.2 Bestimmung des Flächenträgheitsmomentes aus realen Querschnittsflächen

Reale Querschnittsflächen von Halbrundsicken erfassen die Wanddickenminderung im Sickenquerschnitt sowie die Abweichung des Sickenflansches von der Ausgangslage unter Belastung. Die zu erwartenden Unterschiede zwischen idealen und realen Sickenquerschnitten sollten durch das Ausmessen von mittig getrennten und in Kunstharz eingebetteten Proben aus St 1403 unter dem Meßmikroskop erfaßt werden. Durch die punktweise Beschreibung des Querschnittsumrisses mit Koordinaten war eine Darstellung der unbelasteten Sickenform möglich.

Die Versteifungssicke als offenes Profil unterliegt bei einer linienförmigen Belastung einer Veränderung ihres Querschnitts, da sich das Profil aufweitet. Die Sickenprofile mit r_Z = 2,5 mm bei unterschiedlichen Stempelradien und mit r_{St} = 4,0 mm bei unterschiedlichen Ziehkantenradien, wurden in der Biegevorrichtung belastet und die Biegelinie sowie die Lageänderung des Sickenflansches durch punktweise Messung in Sickenlängs- und Sickenquerrichtung mittels einer Meßuhr festgehalten.

Bild 45 zeigt die Formabweichung gegenüber dem Ausgangsquerschnitt des Sickenprofils.

Die Koordinaten des unbelasteten und belasteten Sickenquerschnitts müssen in ein Rechenprogramm "STATIK" eingegeben werden [64]. Dabei reicht aus Symmetriegründen die Eingabe einer Hälfte des Sickenquerschnitts aus. Das Statikprogramm berechnet daraus das Flächenträgheitsmoment der Gesamtfläche bezüglich der Trägheitsachse durch den Gesamtschwerpunkt und dessen z_{Sges}-Koordinate.

Das Flächenträgheitsmoment des belasteten Querschnitts hat zum unbelasteten Querschnitt bei kleinem I eine relative Abweichung von 14 %, die bei wachsendem I, also mit wachsender Sickentiefe, auf 2 % abfällt. Diese Abweichung liegt dann im Bereich der Meßunsicherheit bei der Auswertung der praktischen Versuche.

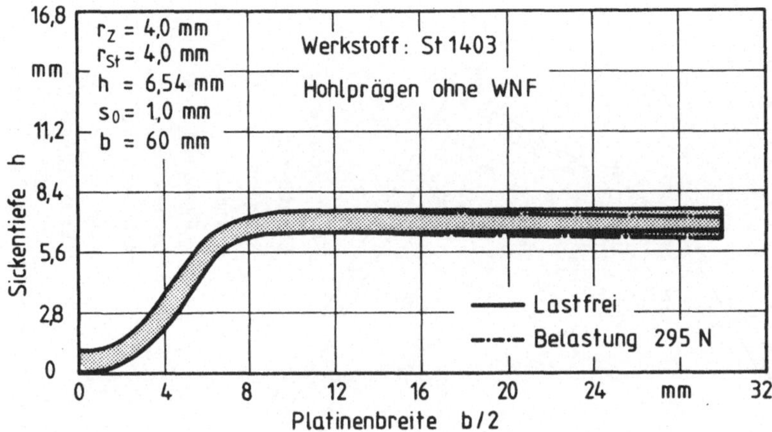

Bild 45: Formabweichung des Sickenquerschnitts unter einer
linienförmigen Belastung an der Stelle der Krafteinleitung.

3.5.2.3 Bestimmung des Flächenträgheitsmoments mit Hilfe der Methode der Finiten Elemente (FEM)

Die nachfolgende rechnerische Untersuchung wurde auf Grundlage
des Programm-Systems ASKA [65] durchgeführt. Für dieses
Programmsystem ist ein Großrechner erforderlich.

Für die Berechnung eines Problems mit der FEM muß die vorge-
gebene Struktur, d. h. in vorliegendem Fall ein Halbrundsicken-
profil, durch eine Anzahl einfacher geometrischer Einheiten
idealisiert werden. Dies führt dann zu einem mathematisch be-
schreibbaren Knotennetz. Aus symmetrischen Gründen genügt es,
ein Viertel des Sickenbleches, abgegrenzt durch die Symmetrie-
achsen, in die Idealisierung einzubeziehen. Zur Vereinfachung
der Idealisierung wurde eine Netzstruktur für eine offene
Sicke entworfen (Bild 46). Der Auflagerabstand wurde von den
praktischen Versuchen übernommen, da dort der Sickenauslauf
außerhalb der freien Biegelänge zu liegen kommt.

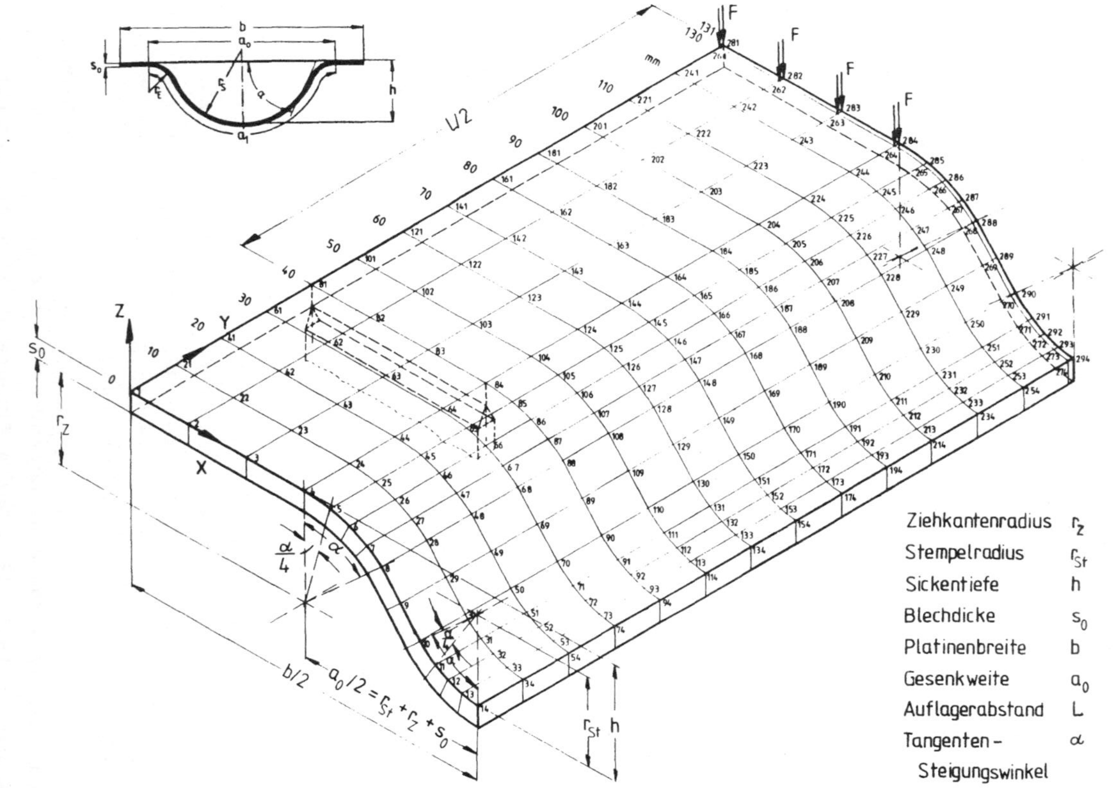

Bild 46: Knoten-Netz einer (offenen) Halbrundsicke (Viertel-Problem) zur Berechnung von Knotenpunkt-Verschiebungen mit Hilfe Finiter Elemente.

Als Idealisierungselemente wurden QUAD 4-Elemente eingesetzt,
also viereckige Plattenelemente mit einheitlicher Wanddicke
in der Größe der Ausgangsblechdicke. Im gewählten x-y-z-Koor-
dinatensystem werden zuerst die Koordinaten in der x-z-Ebene
bestimmt, was einer Beschreibung des halben Sickenquerschnitts,
ausgehend vom Flansch, entspricht. Der Flanschbereich mußte
dazu in drei Elemente und der Flankenbereich in zwei Elemente
aufgeteilt werden. Die Idealisierung des Umschlingungswinkels
α des Bleches um die Werkzeugradien erfolgte in vier Schritten,
so daß auch größere Radien ausreichend genau dargestellt werden. Eine Verschiebung der so festgelegten Knotenpunkte 1 bis
14 in regelmäßigen Schritten von 10 mm in y-Richtung ergab die
gezeigte Netzstruktur über die gesamte Viertelplatine.

Die Krafteinleitung ist bei den Quad 4-Elementen nicht als
Linienlast, sondern als Flächenlast vorzunehmen. Dazu mußte an
der Seite der Krafteinleitung ein 1 mm breiter Plattenstrei-
fen in der Form des Sickenquerschnitts angehängt werden. Die
Kraft, aufgebracht mit einem Druck von 1 N/mm², ist linear der
Länge des Sickenflansches. Da es sich um eine Viertelsicke handelt, wird die Kraft nach der Gleichung

$$F_{FEM} = 2 \cdot (b - a_O) \quad [N] \tag{39}$$

berechnet.

Als Durchbiegung f_{FEM} des Sickenprofils wird die Verschiebung
des Knotenpunktes 294 in z-Richtung im Mittelpunkt der Sicke
ausgewertet.

Aus der Größe der aufgebrachten Kraft, der Durchbiegung und
des Auflagerabstandes konnte nach der Beziehung der Stabtheorie

$$I_{FEM} = \frac{L^3_{FEM} \, F_{FEM}}{48 \cdot E \, f_{FEM}} \tag{40}$$

oder

$$I_{FEM} = C_{FEM} \frac{F_{FEM}}{f_{FEM}}$$

das axiale Flächenträgheitsmoment des belasteten Sickenquerschnitts bestimmt werden.

Die Anwendung des Programmes geht wie folgt vor sich:
Nach Eingabe der Geometriedaten Ziehkantenradius, Stempelradius,
Ausgangsblechdicke, Steigungswinkel α und der Platinenbreite
wird das beschriebene Knotennetz automatisch generiert. Die
Ergebnisausgabe beinhaltet alle Knotenpunktsverschiebungen des
Netzes in x-, y- und z-Richtung. Der zuletzt ausgedruckte Kno-
tenpunkt 294 bezeichnet durch seine Verschiebung in z-Richtung
die Durchbiegung der Platine bei der eingeleiteten Kraft F.

Das Programm-System ASKA rechnet hier rein elastisch. Der Übergang von elastischer zur plastischen Verformung des Sickenprofils findet somit in der Simulation nicht statt. Das Programm
kann daher auch keine Aussage über die Belastbarkeit der Sicke
machen.

Bild 47 macht die Verschiebung der Knotenpunkte des ideali-
sierten Sickenquerschnitts unter Belastung im Vergleich zum
unbelasteten Querschnitt deutlich. In der Gegenüberstellung
mit Bild 45, das die gemessenen Formabweichungen des belasteten Querschnitts enthält, wird eine gute Übereinstimmung der
Simulation des Biegeversuchs durch FEM mit den tatsächlichen
Verhältnissen erkannt.

Durch den Einsatz der FEM ist es also möglich, die Randbedingungen, die in die Berechnung des Flächenträgheitsmomentes
aus dem Sickenquerschnitt nicht einbezogen werden können, zu
erfassen und unter Berücksichtigung von werkstoffbezogenen
Daten, wie den E-Modul, für die Ermittlung des axialen Flächenträgheitsmomentes eines Sickenquerschnitts zu verwenden.

3.5.3 Vergleich der experimentell-rechnerisch ermittelten und der berechneten Flächenträgheitsmomente

Die nachfolgende vergleichenden Darstellungen beziehen sich
auf eine gleichbleibende Ausgangsblechdicke s_o = 1 mm und eine
Platinenbreite von b = 60 mm bei Verwendung des Versuchswerkstoffs St 1403. Bild 48 zeigt am Beispiel einer Halbrundsicke

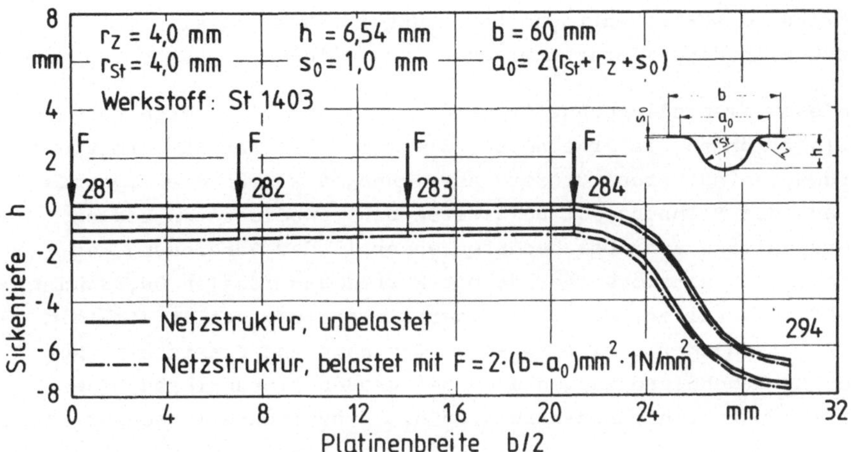

Bild 47: Knotenpunktsverschiebung des Sickenquerschnitts an der Stelle der Krafteinleitung, ermittelt mit Hilfe der FEM.

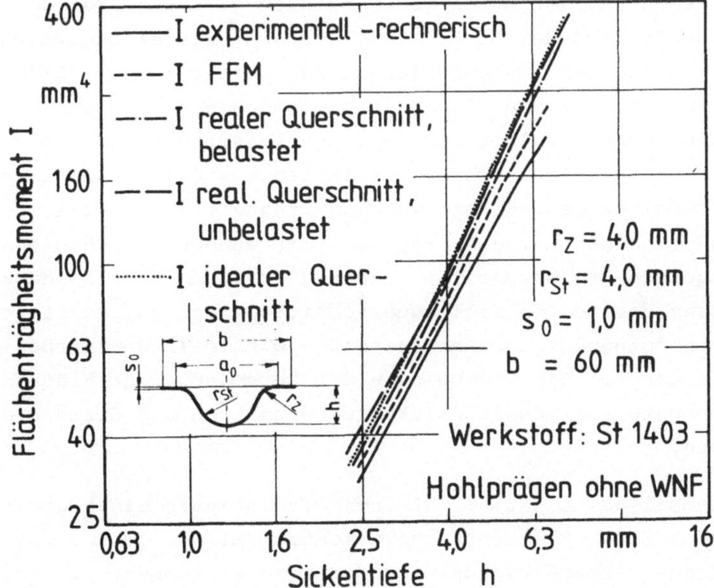

Bild 48: Vergleich der experimentell-rechnerisch bestimmten und der berechneten Flächenträgheitsmomente.

mit $r_{St} = r_Z = 4,0$ mm die praktische und theoretische Entwicklung des Flächenträgheitsmoments in Abhängigkeit der Sickentiefe h in doppellogarithmischer Darstellung.

Den experimentell-rechnerischen Ergebnissen im unteren Kurven-
verlauf kommen die Ergebnisse, die mit Hilfe der FEM ermittelt
wurden, am nächsten. Größere Abweichungen weisen die Ergebnisse aus der Rechnung mit belasteten bzw. unbelasteten realen
Querschnitten auf. Der höchste Fehler in der Berechnung des
Flächenträgheitsmomentes ist mit Werten aus idealen Querschnitten festzustellen. Bei wachsender Sickentiefe stellt sich ein
größer werdender Fehler zwischen Rechnung und Praxis ein. Nur
die FEM-Ergebnisse zeigen auch bei großen Sickentiefen eine
zufriedenstellende Annäherung an die experimentell-rechnerischen
Ergebnisse.

Insgesamt liegen alle rechnerisch ermittelten Werte wesentlich
höher als die experimentell gewonnenen. Somit wurden die Erkenntnisse von Garbers [45] bestätigt.

Alle Berechnungsverfahren verdeutlichen gleichermaßen den überragenden Einfluß der Sickentiefe auf die Versteifungswirkung
bei unveränderter Ausgangsblechdicke. Weiter ist aus Bild 48
zu entnehmen, daß die Flächenträgheitsmomente, die aus realen
Querschnitten in belastetem bzw. unbelastetem Zustand errechnet wurden, hinsichtlich des Gesamtfehlers der rechnerischen
Ermittlung nur geringfügig von den Trägheitsmomenten abweichen,
die aus idealen Querschnitten bestimmt wurden. Durch die kaum
verbesserten Ergebnisse ist jedoch der erhebliche Aufwand zur
Erfassung der realen Sickenquerschnitte nicht zu rechtferti-
gen. Die folgenden zusammenfassenden Darstellungen werden sich
deshalb nur mit den Ergebnissen der Berechnung der Flächenträgheitsmomente aus idealen Sickenquerschnitten und durch die FEM
befassen.

Der Stempelradius hat bei kleinen Sickentiefen einen geringen
Einfluß auf das Flächenträgheitsmoment (Bilder 49 und 50). Mit
zunehmendem Stempelradius wird das Trägheitsmoment geringfügig
größer. Dieser Einfluß schwindet mit zunehmender Sickentiefe,
hier ist dann die Größe des Trägheitsmomentes bei gleichblei-

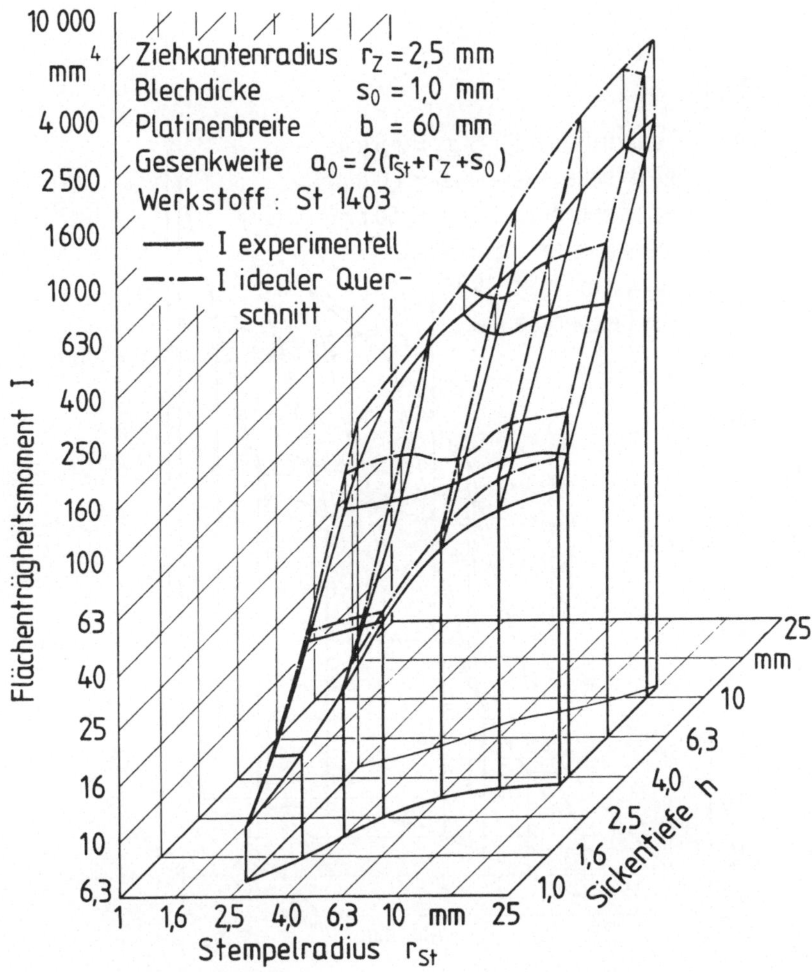

Bild 49: Vergleich der experimentell-rechnerisch ermittelten und der aus idealen Sickenquerschnitten berechneten Flächenträgheitsmomente in Abhängigkeit vom Stempelradius und von der Sickentiefe.

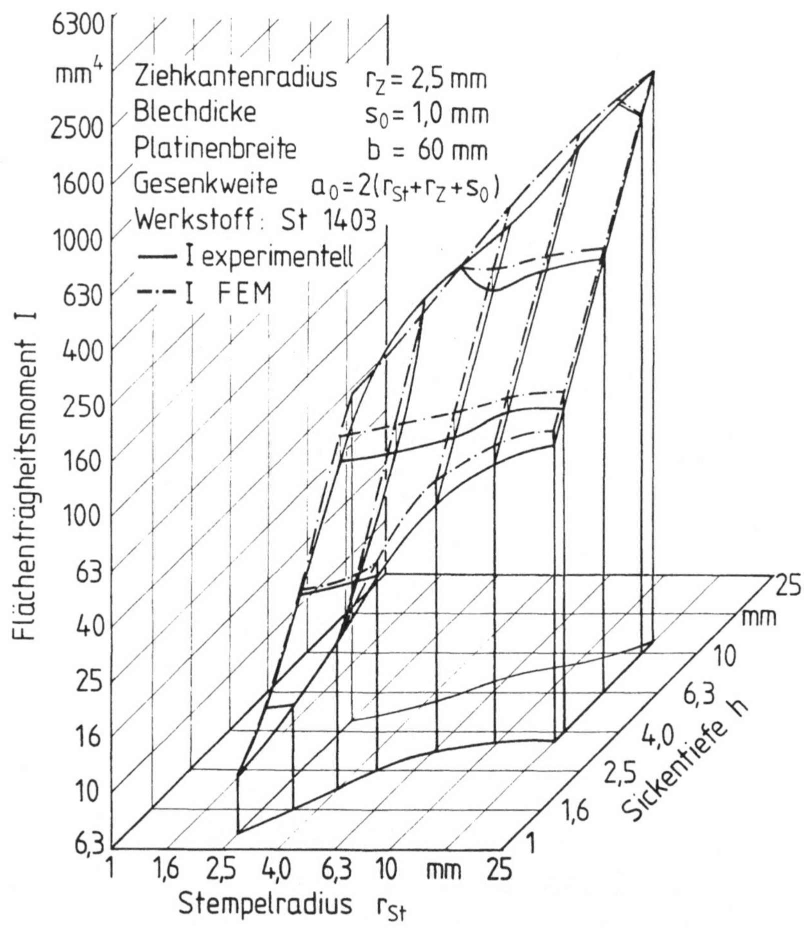

Bild 50: Vergleich der experimentell-rechnerisch ermittelten und der mit Hilfe der FEM berechneten Flächenträgheitsmomente in Abhängigkeit vom Stempelradius und von der Sickentiefe.

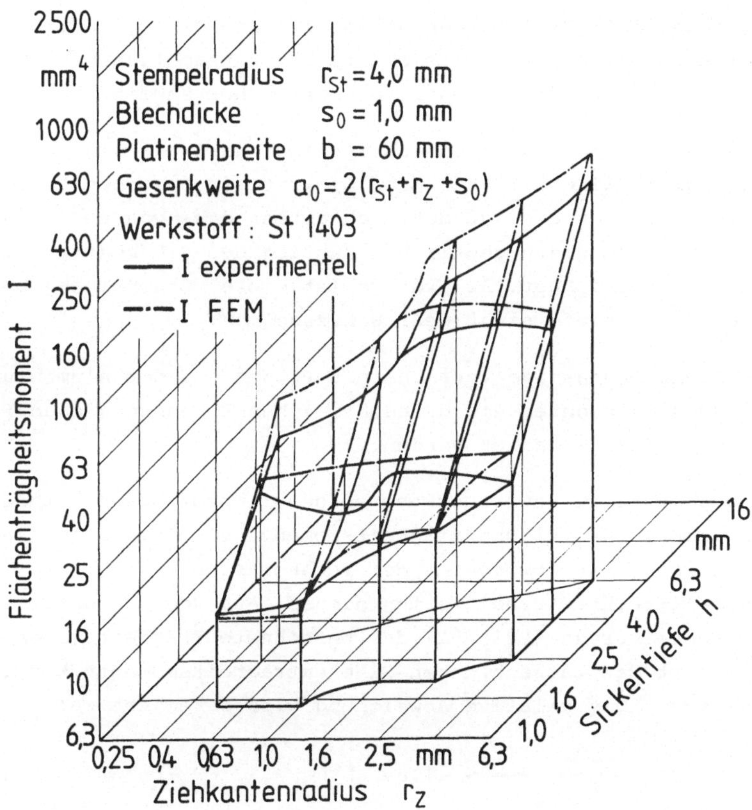

Bild 51: Vergleich der experimentell-rechnerisch ermittelten
und mit Hilfe der FEM berechneten Flächenträgheitsmomente in Abhängigkeit vom Ziehkantenradius und von
der Sickentiefe.

bender Sickentiefe nahezu unabhängig vom Stempelradius.

Die Sickentiefe ist der bestimmende Parameter, wenn eine möglichst große Versteifungswirkung erzielt werden soll. Jedoch unterliegen die aus realen Sickenquerschnitten berechneten Werte bei wachsender Sickentiefe einer zunehmenden Abweichung von den experimentell-rechnerischen Werten (Bild 49).

Demgegenüber läßt Bild 50 den Schluß zu, daß die mit Hilfe der FEM ermittelten Trägheitsmomente den tatsächlichen Verhältnissen bei wachsender Sickentiefe immer näher kommen.

Der Einfluß des Ziehkantenradius ist noch geringer als der des Stempelradius (Bild 51). Für eine Sickentiefe zwischen h = 2,5 mm und 4,0 mm ist der Einfluß des Ziehkantenradius von r_Z = 1,0 mm bis 1,6 mm durch einen deutlichen Anstieg des Flächenträgheitsmoments gekennzeichnet. Allerdings ist diese Erscheinung bei größerer Sickentiefe nicht mehr wahrzunehmen.

Durch stichprobenartige Versuche mit Proben aus der Aluminiumlegierung AlMg konnten die grundsätzlichen Erkenntnisse an Proben aus St 1403 bestätigt werden.

Einer qualitativen Bewertung der beiden rechnerischen Methoden zur Bestimmung des Flächenträgheitsmoments soll die Aufzeichnung der relativen Abweichung der rechnerischen von den experimentell-rechnerischen Werten dienen. Außerdem kann mit Hilfe der Fehlerkurven (Bild 52) das berechnete Trägheitsmoment auf den Wert des tatsächlichen Flächenträgheitsmoments korrigiert werden. Die relative Abweichung wird berechnet zu:

$$K = \frac{I_{theo} - I_{exp}}{I_{theo}} \cdot 100 \quad [\%] \tag{41}$$

Die Abschätzung des wirklichen Flächenträgheitsmoments geschieht dann nach der Gleichung:

$$I_{tatsächlich} = I_{theo} \cdot (1 - \frac{K}{100}) \tag{42}$$

In Bild 52 a) wird die relative Abweichung K_2 der tatsächlichen Flächenträgheitsmomente von den mit Hilfe der FEM ermittelten Trägheitsmomente,abhängig von der Sickentiefe,für die unter-

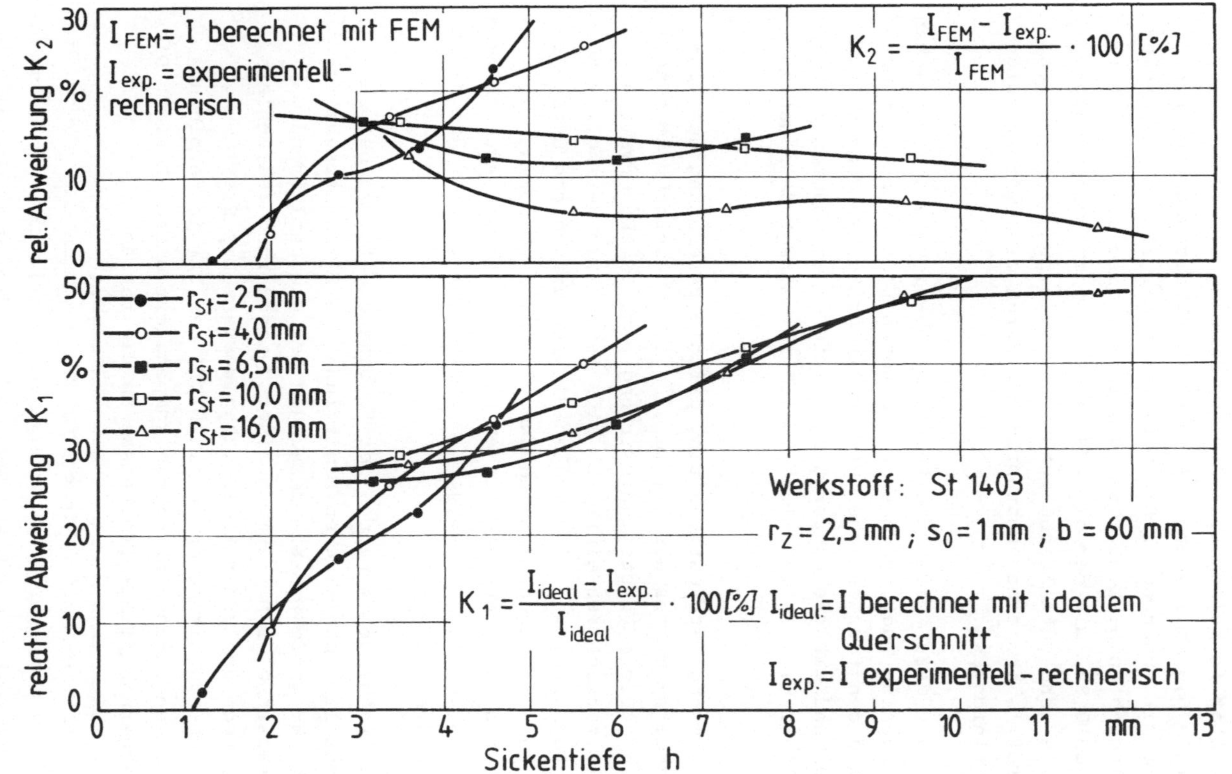

Bild 52: Relative Abweichungen zwischen rechnerisch bestimmten und experimentell-rechnerisch ermittelten Flächenträgheitsmomenten.

suchten Stempelradien aufgetragen. Die relative Abweichung
überschreitet in keinem Fall die Höhe von 25 %[1]. Stempelradien
größer r_z = 6,3 mm zeigen eine relative Abweichung von unter
15 %, die mit zunehmender Sickentiefe weiter fällt. Im Bereich
der untersuchten Sickenabmessungen bringt also ein Korrekturfaktor von 0,85, mit dem die FEM-Ergebnisse zu multiplizieren
sind, eine sehr gute Abschätzung der Versteifungswirkung des
Sickenprofils bei einer Beanspruchung durch eine mittig aufge-
brachte Linienlast.

Im Gegensatz dazu weisen die relativen Abweichungen K_1 zwischen
den aus idealen Querschnitten berechneten Flächenträgheitsmomenten und den tatsächlichen Werten mit größer werdendem Stempelradius und mit steigender Sickentiefe einen höheren Wert
auf (Bild 52 b). Die relative Abweichung beträgt dann nahezu
50 %.

Zusammenfassend ist festzuhalten, daß die Berechnung des Flächenträgheitsmomentes aus dem idealen Sickenquerschnitt eine
erheblich größere Versteifungswirkung einer Sicke erwarten
läßt, als tatsächlich eintritt. Dies ist nur in geringem Maße
auf die Formabweichung des realen Sickenquerschnitts unter Belastung und die Wanddickenminderung durch die Umformung zurückzuführen. Die hauptsächlichen Ursachen für die Abweichungen
dürften jedoch Eigenspannungen im Sickenprofil sein, die nicht
erfaßt werden können.

Die vereinfachenden Annahmen der Stabtheorie führen bei der
experimentell-rechnerischen Ermittlung des Flächenträgheitsmomentes für große Sickenabmessungen bei gleichbleibendem
Auflagerabstand (L/b < 10) zu einer Vergrößerung des Fehlers
zwischen Rechnung und tatsächlichen Werten. Die Bestimmung
des Flächenträgheitsmomentes mit Hilfe der FEM in Verbindung
mit der elementaren Stabtheorie kompensiert diesen Fehler. Die
gute Annäherung dieser Ergebnisse an die tatsächlichen Werte

---

1) Bei gleichbleibender Sickenform und Sickenbreite steigt die
   relative Abweichung mit abnehmender Blechdicke und abnehmender Stützweite stark an. Dabei können leicht Fehler in einer
   Größenordnung von 100% auftreten [20].

ist allerdings auch durch die Berücksichtigung der Schubbean-
spruchung und der Formabweichung des Sickenquerschnitts unter
Belastung begründet.

Die FEM ist für die praktische Anwendung sehr aufwendig, da
für sie ein Großrechner mit entsprechender Speichergröße benö-
tigt wird. Die Berechnung des Flächenträgheitsmomentes aus
dem idealen Sickenquerschnitt dagegen kann auf einem Taschenrechner durchgeführt werden.

Alle vorgestellten Ergebnisse beziehen sich nur auf sta-
tisch wirkende, linienförmige Belastungen, die im Sickenmittelpunkt quer zur Sickenlängsachse angreifen. Aussagen über die
Biegesteifigkeit geschlossener Halbrundsicken, die dynamisch
beansprucht werden, sind daher nicht möglich.

4   Mehrfachsicke

Unter einer Mehrfachsicke wird eine parallele Anordnung von
Versteifungssicken in einem Blechteil verstanden, wobei die
Abmessungen und geometrischen Verhältnisse der Sicken auch
unterschiedlich sein können.

4.1   Versuchsplan und Versuchswerkzeug

Durch Versuche an parallelen geschlossenen Halbrundsicken soll
die Übertragbarkeit der Ergebnisse von Einzelsicken auf Mehrfachsicken hinsichtlich der erreichbaren Sickentiefe und
der erforderlichen Stempelkraft überprüft werden. Eine Formänderungsanalyse sollte zur Deutung des Einflusses einer Veränderung des Sickenabstandes und der Ziehkantenradien herangezogen werden, da diese beiden Parameter neben dem Stempelradius
bei konstanten Einspannbedingungen des Bleches die Möglichkeit
des Werkstoffnachfließens in das Gesenk bestimmen.

Für die durchzuführenden Versuche fand weitgehend der Werkzeugaufbau zum Hohlprägen von Einzelsicken Verwendung. Mit Rücksicht auf die Werkzeugabmessungen zum einen und zum anderen auf
den Meßkreisdurchmesser für die Formänderungsermittlung wurden
bei einem konstanten Stempelradius r_{St} = 10 mm und einer Stempellänge l_{St} = 90 mm bei kugeligen Stempelenden die Ziehkantenradien in den Stufen r_Z = 4,0, 6,3 und 10,0 mm variiert. Die
Mittenabstände der Sicken konnten durch Distanzstücke von der
Dicke e* = 5,0 und 10,0 mm geändert werden. Je nach Ziehkantenradius und damit je nach Gesenkweite wurde ein Mittenabstand
der Sicken zwischen e = 30 mm und 52 mm eingestellt (Tabelle
4). Als Versuchswerkstoff kam das Tiefziehblech St 1403 mit 1 mm
Dicke zum Einsatz.

Bild 53 zeigt links die erforderlichen Werkzeugeinsätze für
das Versuchswerkzeug, Niederhalterplatte, Stempel und Matrizen. Der mittlere Stempel und die zugehörige Matrize werden
über Paßstifte mittig zentriert, während die beiden äußeren
Stempel und Matrizen parallel dazu auf Führungsleisten verschoben werden können. Die Einstellung der Stempelabstände gegen-

r_z	4,0			6,3			10,0		
e^*	0	5	10	0	5	10	0	5	10
e	30	35	40	34,6	39,6	44,6	42	47	52

$r_{St} = 10\,mm$ Werkstoff: St 1403
$l_{St} = 30\,mm$ Hohlprägen ohne WNF

(Angaben in mm)

Tabelle 4: Zuordnung der Distanzleisten zu den Ziehkantenradien und Sickenabständen.

über der Matrizenanordnung erfolgt durch das Einlegen von
1 mm dicken Blechstreifen zwischen Stempel- und Matrizenlängs-
seiten, dies läßt eine Positionierung der Stempel zu den
Matrizen in ausreichender Genauigkeit zu.

Die Blechplatinen (Bild 53 rechts) in den Abmessungen
190 x 240 mm mußten an ihren Ecken mit Ausschnitten der Größe
15 x 30 mm versehen und die senkrecht zur Sickenlängsachse verlaufenden Ränder um 90 ° abgebogen werden, so daß eine ebene
Fläche von der Länge der Matrizeneinsätze entstand. Die vorge-
fertigte Platine wurde in das Werkzeug eingelegt und während
des Absenkens des Stößels vor Eindringen der Stempel in die
Blechoberfläche durch eine Klemmleiste parallel zur Sickenlängsachse auf einem Abstand von 180 mm fest eingespannt. Das Hoch-
stellen des Platinenrandes quer zur Sicke und die Klemmung der
Platine parallel zur Sicke schlossen das Nachfließen des Werkstoffs von außen völlig aus. Eine umlaufende Niederhalterfläche von 30 mm Breite verhinderte das Entstehen von Falten
und Verwerfungen in der Blechebene. Alle Platinen mußten vor
den Versuchen mit Platinol R 2 (s. Tabelle 3) matrizenseitig
geschmiert werden.

Bild 53: Werkzeugeinsätze zum Hohlprägen von drei parallelen
geschlossenen Halbrundsicken sowie Versuchswerkstücke.

4.2 Versuchsergebnisse

4.2.1 Erreichbare Sickentiefe und erforderliche Stempel-
kraft

Die größte Sickentiefe h_{max}, die bis zum Werkstoffversagen gemessen wurde, ist für die untersuchten Ziehkantenradien mit
einer Abweichung von 1 % nahezu unabhängig vom Mittenabstand
der Sicken (Bild 54). Während sich für die Ziehkantenradien
$r_Z = 4,0$ und $6,3$ mm die Sickentiefe bei wachsendem Mittenabstand vergrößert, geht die Sickentiefe für $r_{St} = r_Z = 10,0$ mm
mit zunehmendem Abstand etwas zurück.

Die rechnerische Bestimmung der Sickentiefe wurde mit Gleichung (12) $h_{max} = 1,3\ n\ a_o$ mit n als Verfestigungsexponent und
a_o als Gesenkweite vorgenommen. Die rechnerischen Ergebnisse
liegen für alle drei Ziehkantenradien unter den gemessenen
Sickentiefen bei Werkstoffeinschnürung.

Die rechnerischen Sickentiefen bleiben für $r_Z = 4,0$ und $6,3$ mm

um 10 % hinter den gemessenen Werten zurück. Für r_Z = 10 mm
wird die Sickentiefe mit einem Fehler von maximal 1,5 % sehr
genau ermittelt.

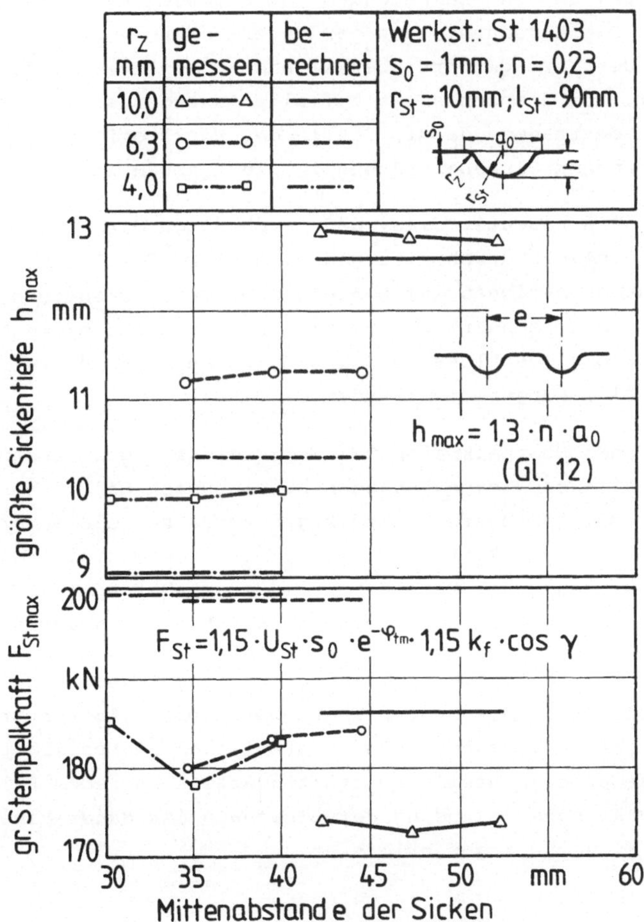

Bild 54: Sickentiefe und Stempelkraft beim Hohlprägen von drei
parallelen Sicken mit unterschiedlichen Ziehkantenradien und Sickenabständen.

Eine Betrachtung der Stellen des Werkstoffversagens ergab,
daß bei dem kleinen Ziehkantenradius die Einschnürung zwischen
den Sicken im Bereich der Ziehkantenradien auftrat. Bei annähernd gleichem Ziehkanten- und Stempelradius war die Stelle
des Versagens an den Stempelenden und Stempellängsseiten festzustellen. Die Erkenntnis aus der Untersuchung von Einzelsicken,
bei denen der Versagensort überwiegend an den Stempelenden zu
finden war, ist demnach nicht auf alle Anwendungsfälle von
Sicken zu übertragen, da die Stelle des Werkstoffversagens zudem noch von der Sickenanordnung im Blech abhängig ist.

Für die Praxis bedeutet dies, daß auch durch die Optimierung
des Sickenauslaufs durch eine geänderte Form des Stempelendes
bei Sickenkombinationen keine Steigerung der Sickentiefe erzielt wird. Die rechnerische Bestimmung der Sickentiefe bei
einer Anordnung geschlossener Halbrundsicken kann mit Hilfe der
Gleichung (12) vorgenommen werden.

Die gemessenen Stempelkräfte bei Werkstoffversagen wiesen bei
unterschiedlichen Sickenabständen Abweichungen bis 10 % voneinander auf. Die geringste Stempelkraft wurde bei einem Verhältnis Stempel- zu Ziehkantenradius $r_{St}/r_Z = 1$ ermittelt, dabei
lag die Abweichung bei Variation des Sickenabstandes im Rahmen
der Meßunsicherheit bei der Aufnahme der Kraft-Weg-Verläufe.

Die erforderliche Stempelkraft wurde nach der Gleichung (30)
unter Einbeziehung des Multiplikationsfaktors 1,15 für größere Sickentiefen berechnet. Die theoretischen Stempelkräfte über-
stiegen die experimentell ermittelten Kräfte in jedem Fall.
Für die praktische Anwendung der Gleichung ist daher eine aus-
reichende Sicherheit gewährleistet.

4.2.2   Formänderungsverteilung an parallelen Sicken

Die Formänderungsanalyse an drei parallelen geschlossenen Halbrundsicken geschah,wie in Abschnitt 3.4.2 beschrieben, an
Sicken ohne Einschnürungen bzw. Anrissen. Die Versuche zur Ermittlung der größten Sickentiefe ergaben überwiegend eine
höchste Werkstoffbeanspruchung quer zur Längsachse. Die Ein-

schnürung des Werkstoffs verlief dabei von einem Stempelende
zum anderen oder sogar bei der mittleren Sicke um den gesam-
ten Stempelumfang herum. Die Formänderungsverteilung in den
Sickenausläufen zeigte sich unabhängig vom Mittenabstand der
Sicken und entsprach den Ergebnissen der Untersuchungen an
Einzelsicken.

Die Meßkreise waren matrizenseitig auf die Platinen aufgebracht,
so daß die gemessenen Formänderungen durch Zug- bzw. Druckspannungen im Bereich der Stempel- bzw. Ziehkantenrundungen
beeinflußt wurden. Die Auswertung der verformten Meßkreise
konnte auf eine Platinenhälfte beschränkt werden, da eine
Symmetrie zur mittleren Sicke vorlag.

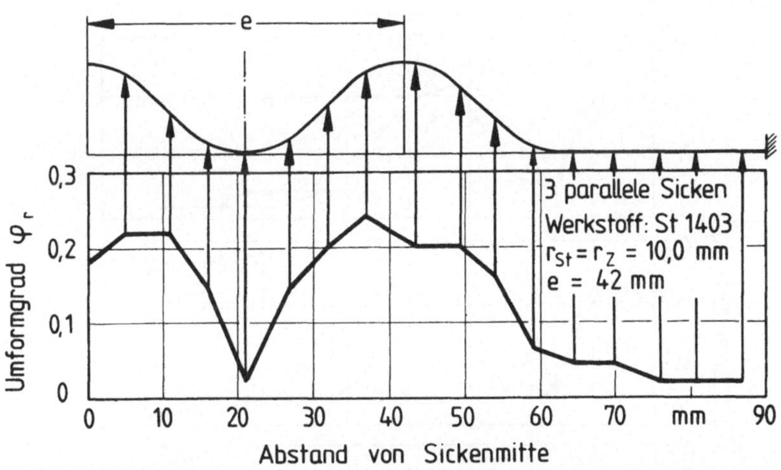

Bild 55: Formänderungsverteilung in Blechdickenrichtung an
drei parallelen Sicken quer zur Sickenlängsachse.

Der Umformgrad in Blechdickenrichtung nimmt vom Sickenrücken
zur Flanke hin zu und fällt im Sickengrund auf φ_r = 0,03 ab
(Bild 55). Am Ansatz zum Stempelradius des äußeren Stempels wird der größte Umformgrad φ_r = 0,24 gemessen. Die Formänderungen gehen dann über den Sickenrücken bis zur Einspannstelle auf einen konstanten Wert zurück. Die größten Umform-

grade liegen bei gleicher Werkzeuggeometrie und um 0,4 mm geringerer Sickentiefe um durchschnittlich 15 % über den Werten der Einzelsicken. An der Stelle der größten Formänderungen in Blechdickenrichtung trat bei den Versuchen bei weiterer Umformung das Werkstoffversagen ein.

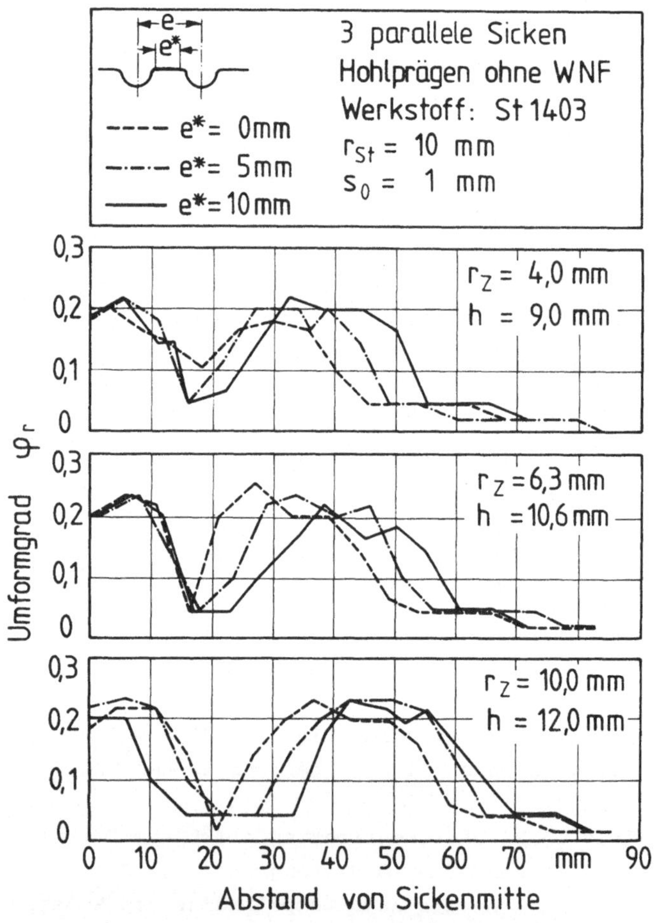

Bild 56: Formänderungsverteilung an parallelen Sicken für unterschiedliche Ziehkantenradien und Sickenabstände.

Der Einfluß des Sickenabstandes auf die Formänderungsverteilung ist von der Größe des Ziehkantenradius abhängig (Bild 56).
Während der Umformgrad bei kleinem r_z und geringem Sickenabstand nur auf $\varphi_r = 0,1$ zurückgeht, nimmt die Werkstoffbeanspruchung bei wachsendem Sickenabstand im Sickengrund ab.
Größer werdende Ziehkantenradien führen zu einem geringeren
Einfluß des Sickenabstandes auf die Formänderungsverteilung.
Die Lage der kritischen Stellen im Ansatz der Stempelrundung
bleibt in allen untersuchten Proben unverändert.

Die Ergebnisse sind aus der Tatsache zu erklären, daß die zur
Umformung zur Verfügung stehende Werkstoffmenge durch die feste
Einspannung der Platinenränder gleichbleibend war und durch
die Veränderung des Sickenabstands nicht beeinflußt wird.

5   Sicken im Boden von Ziehteilen

Geschlossene Sicken werden überwiegend in großflächige unregel-
mäßige Streckzieh- bzw. Tiefziehteile zu deren Versteifung eingebracht. In Modellversuchen ist es sehr schwierig, aus der
Herstellung von Versuchsteilen allgemeingültige Aussagen über
die Anwendung des Hohlprägens von Versteifungssicken in Bauteile jeglicher Geometrie und Form zu treffen. Ähnliches gilt
für die Angaben der Versteifungswirkung von Sickenanordnungen
in Tiefziehteilen aus Modellversuchen. Dennoch sollen über eine
quantitative Bewertung der Steifigkeitsänderung allgemeingültige Erkenntnisse erarbeitet werden.

Das Hohlprägen von geschlossenen Halbrundsicken in den Boden
eines Tiefziehteils soll unter verschiedenen Aspekten betrachtet werden. Zum einen wird die Übertragbarkeit der Ergebnisse
von Einzelsicken auf Sickenanordnungen überprüft und zum anderen die Versteifungswirkung verschiedener Sickenanordnungen
bei unterschiedlichen Sickentiefen beurteilt.

5.1   Versuchseinrichtungen

5.1.1   Versuchswerkzeug und Umformmaschine

Für diese Untersuchung konnte auf ein Versuchswerkzeug zum
Ziehen quadratischer Teile zurückgegriffen werden, das aus
früheren Untersuchungen zur Verfügung stand [66, 67].

Die Teilvorgänge Ziehen des Napfes und Einbringen der Sicken
in den Napfboden mußten getrennt werden, da die vorhandene
Werkzeugkonstruktion keinen einfachen Umbau des Werkzeugober-
teils auf die Erfordernisse des Hohlprägens von geschlossenen
Versteifungssicken zuließ. Daher wurden zuerst Tiefziehteile
mit Flansch gezogen und anschließend das Werkzeug zum Hohlprägen der Sicken umgerüstet. Bild 57 zeigt das geänderte Versuchswerkzeug zum Hohlprägen.

Gegenüber dem ursprünglichen Werkzeugaufbau wurde der Ziehstempel abgefräst und zur Aufnahme eines wechselbaren Stempel-
kopfes vorbereitet. Die Tiefziehmatrize mußte entfernt und

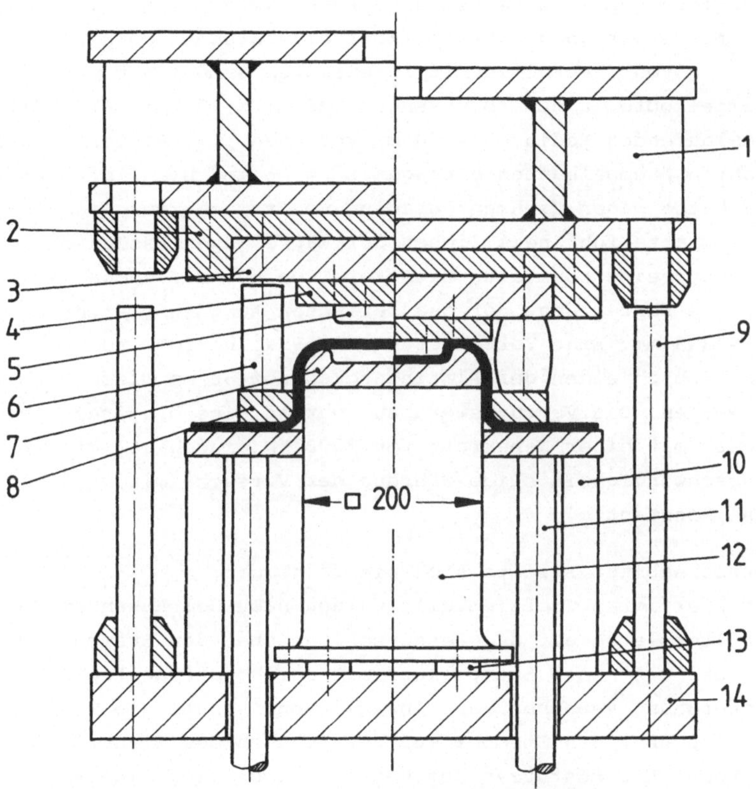

1 - Oberwerkzeug
2 - Ziehkantenaufnahme
3 - Montageplatte
4 - Trägerplatte
5 - Sickenstempel
6 - Federelemente
7 - Stempelkopf

8 - Ziehkanteneinsatz
9 - Führungssäule
10 - Festanschlag
11 - Auswerfer
12 - Stempel
13 - piezo-elektr. Kraftaufnehmer
14 - Unterwerkzeug

Bild 57: Versuchswerkzeug zum Hohlprägen von geschlossenen Halbrundsicken in den Boden von Tiefziehteilen.

durch eine ebene Montageplatte gleicher Abmessungen ersetzt
werden, auf die eine kleinere Trägerplatte für die Sickenstempel zentrisch zum Ziehstempel angeordnet werden konnte. Die
Sickenmatrize war in den Stempelkopf eingebracht, so daß die
Herstellung von Ziehteilen mit Innensicken ermöglicht wurde.
Die Stempelköpfe in den Abmessungen 198 mm x 198 mm waren mit
einem umlaufenden Radius r = 20 mm versehen. Die Radien an den
senkrechten Stempelkanten betrugen r = 18 mm. Die Tiefziehmatrize hatte einen Ziehkantenradius von r_z = 8 mm. Die Niederhalterplatte fuhr beim Ziehen der Näpfe gegen Festanschläge,
damit konnte eine konstante Ziehtiefe von 50 mm eingehalten
werden. Die Kantenlänge der quadratischen Ausgangsplatine betrug l = 333 mm. Eine Verbesserung der Platinenform konnte
durch ein Abschneiden der Platinenecken auf 50 mm Tiefe erreicht werden. Das Versuchswerkzeug war in eine ölhydraulische
Ziehpresse mit einer Nennkraft von 2000 kN eingebaut. Die
Stößelgeschwindigkeit blieb während der Versuche mit v_{St}=
10 mm/s konstant.

Der Versuchsablauf stellte sich wie folgt dar:
Die vorgefertigten Tiefziehteile wurden nach dem Absenken der
Niederhalterplatte auf die Festanschläge über den Stempel ge-
stülpt, der mit einem Stempelkopf mit der negativseitigen
Sickenanordnung versehen war. Anschließend konnte die Tief-
ziehmatrize über den Stempel auf den Flansch des Ziehteils ge-
legt werden. Ein Abstützen der Matrize durch vier Federelemen-
te diente der Nachahmung eines Niederhalterdrucks auf den
Flansch des Ziehteils, so daß sich das Teil nicht in seiner
Gesamtheit auf dem Ziehstempel nach oben bewegt. Die Sickentiefe konnte über Distanzstücke zwischen Maschinentisch und
Stößel stufenlos eingestellt werden.

Die Stempelkraft für das Hohlprägen einer Sickenanordnung wurde durch piezo-elektrische Kraftaufnehmer, die unter dem Tief-
ziehstempel eingebaut waren, erfaßt. Bei der Auswertung mußte
von der gemessenen Gesamtkraft für den Hohlprägevorgang die
Kraftkomponente abgezogen werden, die sich durch das Spannen
der Näpfe über dem Stempel ergab.

5.1.2 Untersuchte Sickenanordnungen und Versuchsplan

Die Abmessungen der Werkzeugradien blieben mit $r_{St} = r_Z = 4,0$ mm
für alle Versuche unverändert. Die Länge der Sickenstempel mit
kugeligem Ende lagen bei l_{St} = 55, 81, 118, 128 und 192 mm.
Die Gesenkweite betrug a_o = 18,2 mm.

Bild 58: Untersuchte Sickenanordnungen.

Bild 58 zeigt die neun untersuchten Sickenanordnungen. Ausgehend von den drei Grundanordnungen im Vordergrund des Bildes
mit 3, 4 und 5 geschlossenen Halbrundsicken, konnten durch
Entfernen einzelner Sickenstempel 6 weitere Anordnungsmöglich-
keiten dargestellt werden.

Eine Numerierung der Sickenbilder, ausgehend von links unten
mit 1.1 bis 3.3, soll die Beschreibung der Versuchsergebnisse
erleichtern.

Für die neun Sickenbilder wurden Stempelkraft-Stempelweg-Schaubilder aufgenommen, aus welchen die Sickentiefe bei Werkstoffversagen sowie die größte Stempelkraft entnommen werden konnte.
Das Hohlprägen der Sickenbilder erfolgte stufenweise, um anschließend die Entwicklung der Versteifungswirkung festhalten
zu können.

5.2   Versuchsergebnisse

5.2.1   Sickentiefe

Die Versuche ließen keine einheitliche Lage des Werkstoffversagens im Sickenbereich erkennen, da dieses, abhängig von der
Sickenanordnung aber unabhängig von der Lage der Walzrichtung
des Bleches im Ziehteilboden, an verschiedenen Orten zu bemerken war. So trat bei paralleler Ausrichtung der Sicken zur
Ziehteilseite (Anordnung 1.1, 1.2, 1.3) die Einschnürung des
Werkstoffs mit nachfolgendem Bruch in den Längsseiten der Sik-
ken auf. Bei diagonaler Sickenlage war zum einen Versagen im
Sickenauslauf und zum andern in der Sickenlängsseite festzustellen. Dabei lag der Versagensort bei der längsten Diagonal-
sicke (Anordnung 2.1, 2.2, 3.1, 3.3) in den Sickenausläufen am
Stempelende, da über die Napfecken kein Werkstoff, wie z. B.
aus der Bodenfläche, nachfließen kann. Die kurzen diagonalver-
laufenden Sicken in den Ecken zeigten einen Anriß, während die
mittleren Sicken erst später einschnürten.

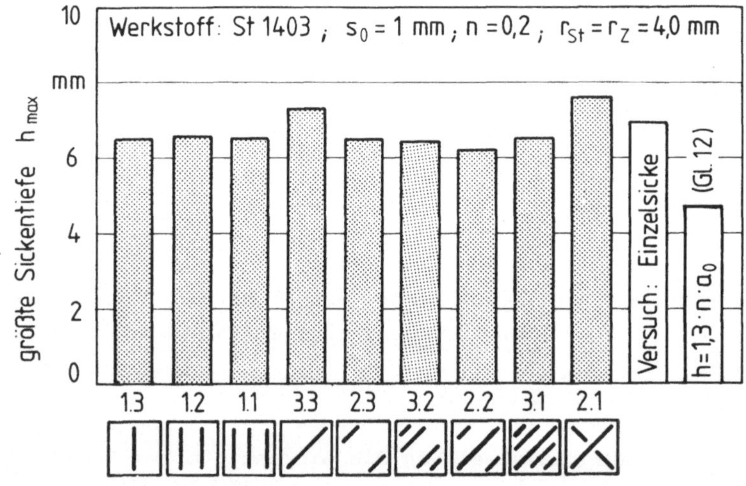

Bild 59: Größte erreichbare Sickentiefen für unterschiedliche
Sickenanordnungen.

Für die meisten hohlgeprägten Sickenanordnungen wurde eine
mittlere Sickentiefe von h = 6,5 mm bei Einschnürungsbeginn
gemessen (Bild 59). Diese Sickentiefe ist um 6 % geringer als
der an Einzelsicken bestimmte Wert. Nur die Sickentiefen der
Anordnungen 3.3 und 2.1 lagen über den Tiefen der Einzelsicken,
da der Werkstoff aus der Blechebene ungehindert nachfließen
kann. Weit in den Ecken des Ziehteilbodens liegende Sicken
verringern die Sickentiefe geringfügig (A 2.2).

Die nach Gl. (12) h_{max} = 1,3·n·a_o berechnete Sickentiefe mit
n = 0,2 und a_o = 18 mm bleibt 25 % unter den praktisch erreichten Tiefen bei Werkstoffversagen und liefert demnach sichere
Werte für die erreichbare Sickentiefe.

5.2.2   <u>Stempelkraft</u>

Der Stempelkraft-Stempelweg-Verlauf für das Hohlprägen von
mehreren Sicken in den Boden eines Ziehteils in einer Werk-
zeugbewegung entspricht in seiner Form qualitativ dem Verlauf
beim Herstellen von Einzelsicken (Bild 60). Die Sickenanordnung 3.1 erfordert bei einer Sickentiefe von h = 6,5 mm eine
Stempelkraft F_{St} = 415 kN. Eine Berechnung der Stempelkraft in
Abhängigkeit von der Sickentiefe erfolgte nach der Erkenntnis
aus Abschnitt 3.4.1 zum einen mit Gl. (30) und zum anderen mit
Gl. (30) zuzüglich eines Zuschlags von 15 %. Die nach Gl. (30)
berechnete Stempelkraft ist bis zu einer Sickentiefe von
h = 3 mm identisch mit der gemessenen Kraft. Für größere Sickentiefen h > h_{max}/2 muß dann mit einem Multiplikator von 1,15
gerechnet werden, damit die berechneten Kräfte die tatsächlichen erreichen bzw. übersteigen.

In Bild 61 werden die größten Stempelkräfte, die sich bei
Werkstoffversagen einstellen, mit nach Gl. (30) zuzüglich eines
Zuschlags von 15 % berechneten Stempelkräften verglichen. Die
berechneten Kräfte übersteigen in 2/3 der Anwendungsfälle die
gemessenen Werte. In drei Fällen (Anordnungen 1.1, 2.3, 3.3)
sind die berechneten Kräfte um maximal 10 % zu niedrig.

Die Stempelkraft kann somit nach Gl. (30) für Sickentiefen

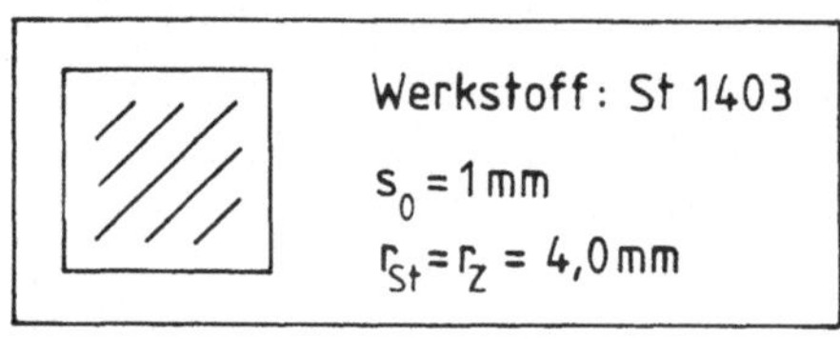

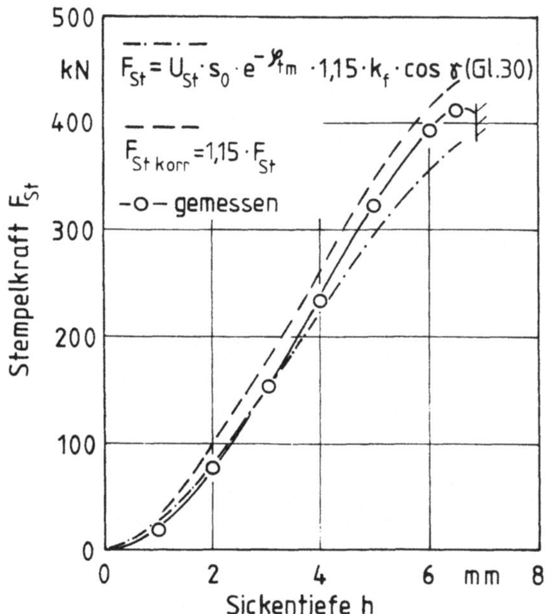

Bild 60: Vergleich des gemessenen und berechneten Stempelkraft-Stempelweg-Verlaufs ($U_{Stges} = \Sigma\, U_{StEinzelsicke}$).

$h < h_{max}/2$ und nach Gl. (30) unter Einschließung des Multiplikationsfaktors 1,15 für Sickentiefen $h > h_{max}/2$ vorherbestimmt werden.

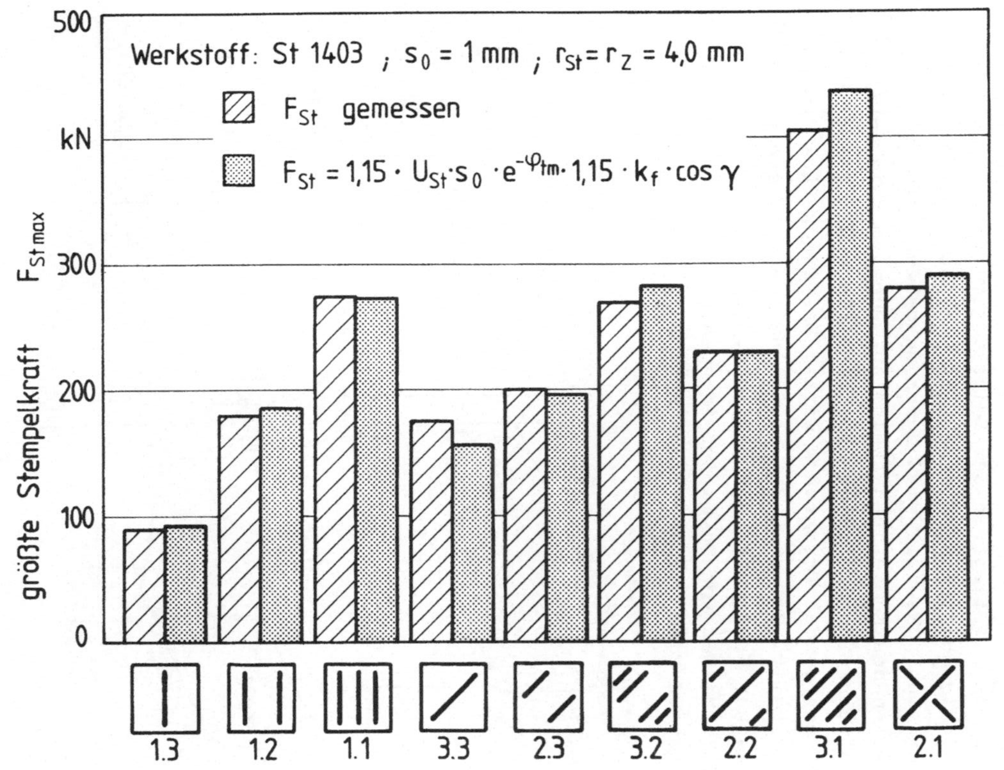

Bild 61: Vergleich der gemessenen und berechneten größten Stempelkraft F_{Stmax} für unterschiedliche Sickenanordnungen.

5.2.3 Versteifungswirkung

Bild 62 zeigt die Belastungsvorrichtung zur experimentellen
Ermittlung der Versteifungswirkung von geschlossenen Halbrundsicken bzw. Sickenanordnungen im Boden von Tiefziehteilen.
Das Tiefziehteil liegt in der Belastungsvorrichtung auf vier
Leisten, die quadratisch im Abstand von 160 mm voneinander angeordnet sind. Das Teil wird durch Anschläge, die an drei
Außenseiten des Napfes punktweise anliegen, mittig zentriert.
Die Krafteinleitung erfolgt über eine flachgängige Spindel,
die auf ein rundes Druckstück wirkt. Das Druckstück ist hori-
zontal geteilt. Zwischen den beiden Hälften ist ein piezo-
elektrischer Kraftaufnehmer gespannt. Das Druckstück mit einem
Außendurchmesser von 28 mm ist in seiner Stirnseite mittig mit
einer Nut in Form der Matrizenkontur r_Z = 4,0 mm und einer

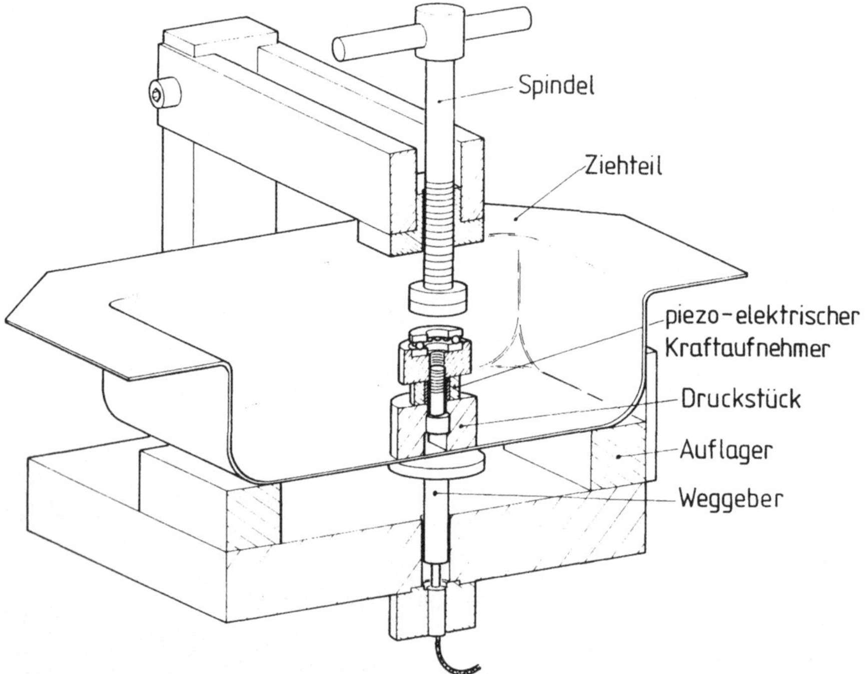

Bild 62: Belastungsvorrichtung zur experimentellen Bestimmung
der Versteifungswirkung unterschiedlicher Sickenanordnungen im Boden von Tiefziehteilen.

lichten Weite von 10,2 mm versehen und kann somit über die
Innensicken des Ziehteils, die über die Bodenmitte führen, gestellt werden. Die Entkopplung des Kraftflusses zwischen Spindel und Druckstück übernimmt ein Axialrollenlager, das gleichzeitig der Zentrierung dient. Die Durchbiegung des Ziehteilbodens unter Last wird durch einen induktiven Weggeber, auf
den ein tellerförmiger Meßstift aufgesetzt ist, im Mittelpunkt
des Bodens gemessen.

Der Kraft-Durchbiegungs-Verlauf konnte bis zu einer Durchbiegung
von einem Millimeter auf einem x-y-Schreiber aufgezeichnet
werden.

Ausgehend von einem Ziehteil ohne Bodensicken wurden alle
neun vorliegenden Sickenanordnungen jeweils in den Sickentiefen
h = 2,5, 3,5, 4,5 und 6,0 mm belastet. In der größten Sickentiefe h = 6,0 mm waren die Sickenprofile in allen Fällen ohne
Einschnürung bzw. Anriß. Die aufgezeichneten Kraft-Durchbie-
gungsverläufe stiegen nahezu linear an. Die mittlere Steigung
des Verlaufs mußte durch vier Meßpunkte mit Hilfe einer Re-
gressionsrechnung ermittelt werden.

Die mittlere Steigung ist dann als Maß für die Versteifungswirkung zu betrachten:

$$\bar{m} = \frac{\Delta F}{\Delta f} \qquad \text{mit } F = \text{eingeleitete Kraft} \qquad (43)$$
$$f = \text{mittige Durchbiegung}$$

Zur Beurteilung der Versteifungswirkung der Sickenanordnungen
gegenüber dem unversteiften Ziehteil wurde die relative Zunahme der Versteifungswirkung

$$\Delta m_{rel} = \frac{\bar{m}_1 - \bar{m}_o}{\bar{m}_o} \qquad (44)$$

bestimmt, wobei m_1 die Konstante des durch Sicken versteiften
Bodens und m_o die Konstante des unversteiften Bodens darstellt.

Eine vergleichende Darstellung der relativen Änderung der
Bodensteifigkeit Δm_{rel} für die Sickenanordnungen mit unterschiedlichen Sickentiefen enthält Bild 63. Bis auf eine Aus-
nahme (A 1.2) steigt die Steifigkeit des Bodens mit zunehmen-

der Sickentiefe erheblich. Anordnung 1.2 führt bei wachsender
Sickentiefe zu einem weicher werdenden Bauteil. Dies kann
durch eine Art Bald-Wirkung der außenliegenden Sicken erklärt
werden.

Die größte Versteifungswirkung wird durch die größte Zahl der
Sicken in diagonaler Richtung erreicht (A 3.1). Sie liegt jedoch nur wenig über den Werten der Anordnungen 1.3, 2.3 und
3.2, die insgesamt die Steifigkeit des Bodens verdoppeln. Dies
unterstreicht die Aussage von Winterfeld [15], daß eine Sicke
so kurz wie möglich ausgebildet werden soll.

Die Kreuzsicke (A 2.1), als klassische Anordnung zur Versteifung von rechteckigen Tiefziehteilen, wirkt mit 60 % Steigerung
dagegen nur wenig versteifend. Allerdings ist zu bemerken, daß
aus Platzgründen die kurzen Diagonalsicken gegen die lange
Sicke nicht durch zwei parallel liegende kurze Sicken gesperrt
sind, wie von Oehler [6] empfohlen wird.

Für die Mehrzahl der untersuchten Sickenanordnungen gilt, daß
eine deutliche Zunahme der Bauteilsteifigkeit erst bei einem
Sickentiefe zu Blechdickenverhältnis von $h/s_o \approx 4$ bei
$r_{St} = r_Z = 4,0$ mm festzustellen ist, die dann auch den Aufwand
des Hohlprägens von Versteifungssicken rechtfertigt. Dies entspricht bei einer gegebenen Blechdicke einer Sickentiefe der
Größe $h > h_{max}/2$.

Für Bauteile, die lediglich eine relative Zunahme der Steifigkeit unter 20 % erfordern, erscheint eine Erhöhung der Blechdicke kostengünstiger und vernünftiger mit der Einschränkung,
daß die Gewichtszunahme des Bauteils in einer vertretbaren
Größe bleibt.

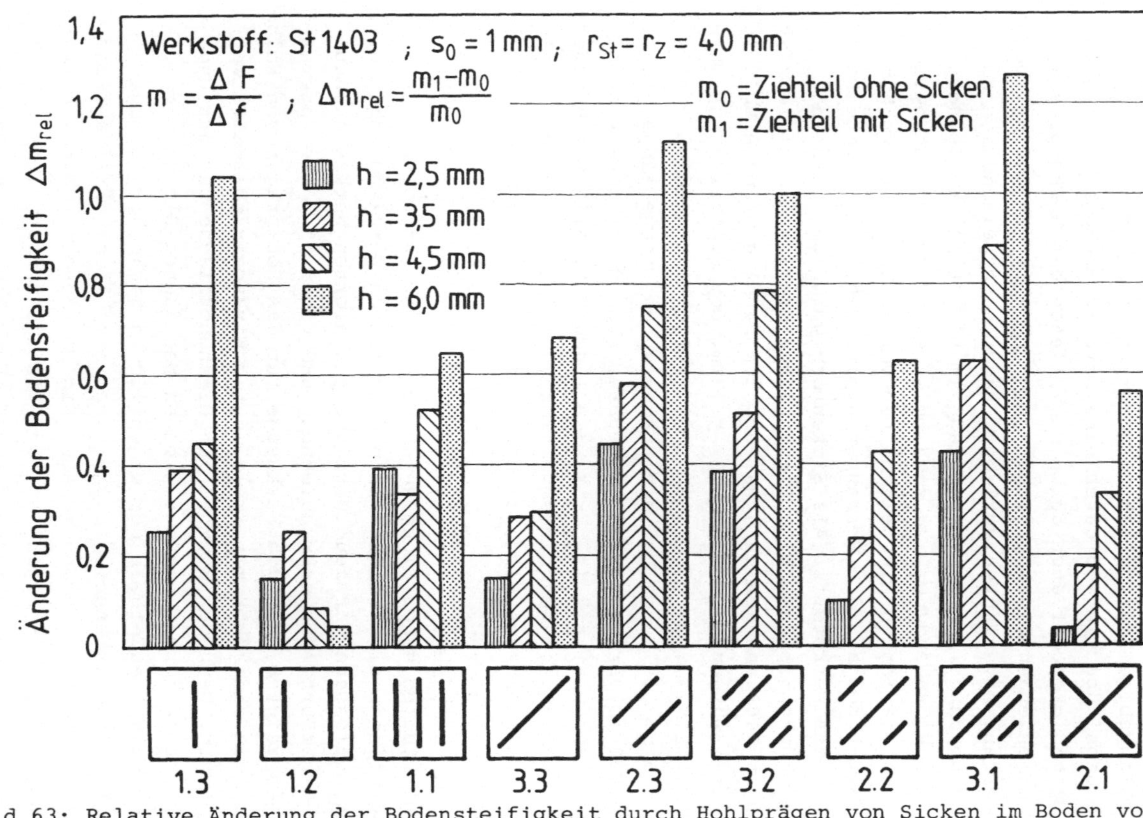

Bild 63: Relative Änderung der Bodensteifigkeit durch Hohlprägen von Sicken im Boden von Ziehteilen.

Das Hohlprägen von Sicken dient der Versteifung von ebenen oder
gekrümmten Blechen, Streck- und Tiefziehteilen ohne zusätzliche
Bauelemente und Hilfsmittel.

Ausschlaggebend hierfür ist, daß der Werkstoff zum Tiefen der
Sicke dabei überwiegend durch eine Streckziehbeanspruchung aus
der Blechdicke oder auch durch Nachfließen des Werkstoffs aus
den angrenzenden Blechbereichen gewonnen wird. Welche der beiden Verfahrensvarianten vorliegt, hängt entscheidend von der
Sickenanordnung und der Sickenlage im Blechteil ab. In der
praktischen Anwendung wird sich meist ein Mischtyp aus beiden
Verfahrensvarianten einstellen. Die vorliegende Untersuchung
beinhaltet deshalb die Verfahren Hohlprägen mit und ohne Nachfließen des Werkstoffs. Als Sickenform wurde der halbrunde
Sickenquerschnitt gewählt. Die Versuche erfolgten mit Tiefziehblech St 1403 und der naturharten Aluminiumlegierung AlMg 5
mit einer Ausgangsblechdicke s_o = 1 mm. Der Stempelradius wurde von r_{St} = 2,5 mm bis 16 mm und der Ziehkantenradius von
r_Z = 0,5 mm bis 10 mm bei einer konstanten Stempellänge von
l_{St} = 200 mm variiert. Die Sickenbreite a_o wurde entsprechend
der Beziehung a_o = 2 (r_{St} + r_Z + s_o) gewählt. Alle Ergebnisse
beziehen sich auf geschlossene Sicken, d. h. Sicken, die definiert innerhalb des Bleches bzw. des Ziehteils enden.

<u>Werkzeugausführung</u>
Das Herstellen einer Sicke durch Hohlprägen ist sowohl in
einem offenen als auch in einem geschlossen Werkzeug möglich.
Das geschlossene Werkzeug wird mit tuschierten Werkzeugkonturen ausgeführt, was sehr aufwendig und teuer ist. Die Untersuchungen zeigten, daß die Werkzeuge für das Hohlprägen von Halbrundsicken einfacher mit freigelegtem Wirkspalt gefertigt werden können. Wenn der Stempel die Blechoberfläche berührt und
die Sicke zu formen beginnt, können bei dünnen Blechen im
Sickenauslauf außerhalb der eigentlichen Sicke Verwerfungen
bzw. Falten entstehen, die mit einem erheblichen Kraftaufwand
wieder eingeebnet werden müssen. Ein Werkzeug mit Niederhalter,
der vor dem Umformvorgang auf der Platine aufsitzt, verhindert
Verwerfungen in der Sickenumgebung. Beim Einbringen von ge-

schlossenen Sicken in Ziehteile während des Ziehvorgangs kann
ohne umlaufenden Niederhalter gearbeitet werden, da die Zug-
spannung im Ziehteil einer Faltenbildung entgegenwirkt. Im
Sickenauslauf ist ein partieller Niederhalter von Vorteil,
wenn ein Verziehen des Teiles in diesem Bereich sicher unterdrückt werden soll.

Verfahrensgrenzen

Beim Tiefen einer Sicke tritt eine Vergrößerung der Blechoberfläche bei Verminderung der Blechdicke ein [26]. Dies führt
bei einem bestimmten Umformgrad, der aufgrund des vorliegenden
zweiachsigen Spannungszustands proportional dem Gleichmaßumform-
grad φ_g ist, zu einer plastischen Instabilität des Werkstoffs.

Der Ort des Werkstoffversagens beim Hohlprägen geschlossener
Halbrundsicken liegt bei relativ kleinen Ziehkantenradien
($r_Z/s_o < 1$) in der Sickenflanke am Übergang zum Ziehkantenradius. Bei größeren Ziehkantenradien stellt sich die Einschnürung bei Stempeln mit kugeligem Ende im Sickenauslauf
am Übergang Stempelradius zum Bereich der freien Umformung
ein. Durch Optimierung der Sickenausläufe mit trapezförmigen
oder radiusförmigen Stempelenden, die eine möglichst geringe
Steigung aufweisen sollen, ist eine Vergrößerung der Sickentiefe um nahezu 10 % zu erreichen. Die Versagensstelle wird
dadurch für alle Stempel- und Ziehkantenabmessungen in den
Längenbereich der Sicke verlagert.

Neben der Gestaltung des Stempelendes ist auch das Verhältnis
Stempel- zu Ziehkantenradius für das Erreichen der Verfahrens-
grenzen maßgebend. So wird mit $r_{St}/r_Z \approx 1$ die gleichmäßigste
Formänderungsverteilung bei einer größten Sickentiefe erzielt.
Bei einer entsprechenden Beschränkung der Sickentiefe sind auch
Verhältnisse $r_{St}/r_Z > 1$ zu verwirklichen. Der Ziehkantenradius
sollte jedoch einen Wert von $r_Z/s_o = 1$ nicht unterschreiten.

Die erreichbare Sickentiefe hängt außerdem von der jeweiligen
Verfahrensvariante ab. Die geringste Sickentiefe wird durch
Hohlprägen ohne Nachfließen des Werkstoffs erreicht. In
diesem Fall kann die Berechnung der ohne Werkstoffversagen erreichbaren Sickentiefe h mit ausreichender Sicherheit nach

Gl. (12)

$$h = c \, n \, a_o$$

mit der Gesenkweite a_o, dem Verfestigungsexponenten n und den
Konstanten c = 1,3 für Stahl und c = 0,8 für naturharte Aluminiumlegierungen vorgenommen werden. Als Wert n muß in Gl. (12)
der Exponent aus der bekannten Approximation der Fließkurve
$k_f = a \, \varphi^n$ eingesetzt werden. Gestaltungsrichtlinien von Rogge
[24] nennen Sickentiefen, die weit unter den kritischen Tiefen
bleiben.

Stempelkraft
===

Eine grobe Abschätzung über die größte durch den belasteten
Blechquerschnitt übertragbare Kraft ist in Anlehnung an die Beziehung für Bodenreißer beim Tiefziehen durch die Gl. (14)

$$F_{St} = U_{St} \, s_o \, R_m$$

möglich, wobei U_{St} der Stempelumfang, s_o die Ausgangsblechdik-
ke und R_m die Zugfestigkeit bedeutet. Eine etwas ungenaue Berechnung der Stempelkraft durch die zusätzliche Berücksichtigung der Sickenform über den Neigungswinkel γ der Sickenflanken zur Richtung der Krafteinleitung für unterschiedliche
Sickentiefen erlaubt Gl. (15):

$$F_{St} = U_{St} \, s_o \, R_m \cos \gamma$$

Andere Ansätze schließen die Wanddickenabnahme im Sickenquerschnitt und die Spannung, die ein Fließen des Werkstoffs während des Vorgangs aufrechterhält, bei wachsender Sickentiefe
mit ein. Gleichung (30) lautet

$$F_{St} = U_{St} \, s_o \, e^{-\varphi_{tm}} \, 1{,}15 \, k_f \cos \gamma$$

mit einem mittleren tangentialen Umformgrad φ_{tm} Gl. (9) und
dem Cosinus des Neigungswinkels γ , der aus den Sickenabmessungen zu bestimmen ist. Ab einer Sickentiefe $h > h_{max}/2$ sind
die Werte nach Gl. (30) mit dem Faktor 1,15 zu multiplizieren.

Steht keine Fließkurve des Werkstoffs zur Verfügung, so kann
nach Kluge die Kraftberechnung für die praktische Anwendung
vereinfacht mit der Gl. (31)

$$F_{St} = U_{St}\, s_o\, R_m\, y_C\, \cos\gamma.$$

vorgenommen werden. Der Faktor y_C wird Bild 6 in Abschn. 1.3 entnommen. Für Sickentiefen $h > h_{max}/2$ ist die Stempelkraft nach Gl. (31) ebenfalls mit dem Faktor 1,15 zu multiplizieren.

Schmierstoffe

Weder die erreichbare Sickentiefe noch die erforderliche Stempelkraft wurden durch die Verwendung von Schmierstoffen in großem Maße beinflußt. Im günstigsten Fall läßt sich mit dem Einsatz einer Ziehfolie eine Zunahme der Sickentiefe um 3 % und eine Reduzierung der Stempelkraft um maximal 10 % erzielen. Daher kann in der praktischen Anwendung der im Hauptumform-vorgang aufgetragene Schmierstoff beibehalten werden.

Sickenanordnungen

Es konnte gezeigt werden, daß die erreichbare Sickentiefe bei einer fest eingespannten Platine (kein Werkstoffnachfließen) nicht von der Anordnung der Sicke, sondern überwiegend von der Gestaltung des Stempel- und Ziehkantenradius sowie des Sicken-auslaufs abhängt. Hinweise auf günstige Anordnungen sind im Schrifttum (Abschn. 1.2 und 1.4) zu finden.

Die Anordnung der Versteifungssicken in einem Blechteil wird weniger von den fertigungstechnischen Möglichkeiten als von den Erfordernissen an das Versteifungsverhalten eines Bauteils bestimmt.

Belastungsverhalten

Unter dem Begriff Belastungsverhalten einer Sicke wird die Versteifungswirkung und die Belastbarkeit der Sicke zusammenge-faßt. Die Versteifungswirkung wird durch elastische Durchbie-gung und die Belastbarkeit durch die Grenze zur plastischen Verformung des Sickenquerschnitts unter einer von außen angrei-fenden Kraft gekennzeichnet. Als Maß für die Versteifungswir-kung ist das Flächenträgheitsmoment des Sickenquerschnitts zu betrachten.

Die Größe des Flächenträgheitsmoments wird in überragender Weise von der Blechdicke und von der Sickentiefe bestimmt. Bei

gegebener Sickenform und gegebener Blechdicke versteift eine
Sicke umso besser, je tiefer sie in das Blech eingebracht
wird. Die Einflüsse von Stempel- und Ziehkantenradius, der
Wanddickenminderung und damit des Herstellungsverfahrens, treten im Vergleich zur Sickentiefe in ihrer Bedeutung zurück.

Die rechnerische Bestimmung der Versteifungswirkung mit der
elementaren Balkenbiegung, wobei die Versteifungswirkung durch
das Verhältnis $m = F/f$ (F - Belastungskraft, f - Durchbiegung)
gekennzeichnet wird, welches dem Flächenträgheitsmoment des
Sickenquerschnitts proportional ist, täuscht eine zu große
Versteifungswirkung vor. Dies gilt unabhängig davon, ob bei
der Ermittlung des Flächenträgheitsmomentes die im Sickenquerschnitt veränderliche Blechdicke berücksichtigt wird oder
nicht. Die Übereinstimmung der tatsächlichen Versteifungswirkung zur so berechneten wird umso schlechter, je tiefer die
Sicke und je größer die Sickenbreite wird. Daraus ist zu
schließen, daß die Anwendung der elementaren Theorie der Balkenbiegung auf das schalenförmige Gebilde einer Sicke nicht
zulässig ist, da Schubbelastungen und elastische Instabilitäten
im Sickenprofil nicht erfaßt werden.

Eine Abschätzung der Versteifungswirkung kann über die einfache Berechnung des Flächenträgheitsmoments aus dem idealen
Sickenquerschnitt auf einem Taschenrechner durchgeführt werden.
Eine zweite Möglichkeit ist durch die Simulation des Biegeversuchs mit Hilfe der Finite-Elemente-Methode (FEM) gegeben,
die jedoch einen größeren Rechner erfordert. Die FEM läßt für
größere Stempelradien und größere Sickentiefen eine um 15 %
zu kleine Durchbiegung errechnen.

Die Ergebnisse der rechnerischen Bestimmung des Flächenträgheitsmomentes können für die genannten Berechnungsverfahren
durch Abweichungsdiagramme für Stempelradien r_{St} = 2,5 mm bis
16 mm bei unterschiedlichen Sickentiefen (Bild 52 , Absch.
5.2.3) auf die tatsächlichen Werte korrigiert werden.

Das Einbringen von Sicken direkt ins Blech ermöglicht eine
Versteifung von Tiefzieh- und/oder Streckziehteilen ohne zusätzliche Bauelemente. Als Sicken werden rinnenartige Vertiefungen
oder Erhöhungen in ebenen oder gewölbten Blechen bezeichnet,
deren Querschnittsabmessungen gegenüber der Länge klein sind.
Die Herstellung der Sicke kann durch schrittweises Umformen
mit einem drehend bewegten Werkzeug oder durch Umformen mit
einem geradlinig bewegten Werkzeug im ganzen erfolgen. Bekannteste Vertreter der beiden Verfahren sind das Walzprofilieren
und das Hohlprägen. Die vorliegende Arbeit versucht, die
Voraussetzungen für eine wirtschaftliche Anwendung des Hohlprägens von geschlossenen Halbrundsicken zu schaffen und die
Versteifungswirkung durch Sicken zu erfassen.

Die umfassende systematische Untersuchung aller fertigungstechnischen Probleme und Abhängigkeiten beim Hohlprägen von geschlossenen Einzelsicken in ebenen Blechen bildete die Grundlage für weiterführende Untersuchungen, die die Anwendung, Anordnung und Kombination von Sicken betreffen. Im Vordergrund
stand dabei die erreichbare Sickentiefe ohne Werkstoffversagen,
da von dieser bei gegebener Blechdicke die Versteifungswirkung
ursächlich abhängt. Für die Verfahrensvarianten Hohlprägen mit
und ohne Werkstoffnachfließen wurden folgende Versuchsparameter verändert: Stempel- und Ziehkantenradius, Gestaltung des
Sickenauslaufs, Schmierstoffe, Niederhalterdruck und Werk-
stückwerkstoffe. In einer Formänderungsanalyse wurden die Auswirkungen der Versuchsparameter auf die Formänderungen in der
Sicke erfaßt und Hinweise auf die Optimierung der Werkzeuggeometrie gewonnen.

Die Ergebnisse der Parameteruntersuchung zeigten, daß ein eindeutiger Zusammenhang zwischen dem Versuchswerkstoff, der Gesenkweite und der erreichbaren Sickentiefe besteht. Der Einfluß der Sickenlage zur Walzrichtung und der Schmierung ist
dagegen nur von untergeordneter Bedeutung.

Die erforderliche Stempelkraft kann mit Hilfe empirischer Ansätze in Abhängigkeit von den Sickenabmessungen und vom Verhalten des Werkstoffs während der Umformung für das Hohlprägen ohne Werkstoffnachfließen ermittelt werden.

Eine experimentell-rechnerische Bestimmung des Flächenträgheitsmoments im Vergleich mit unterschiedlichen Berechnungsmethoden bekräftigt die Aussage, daß die Versteifungswirkung einer Sicke aufgrund der Rechnung meist überschätzt wird. Für die rechnerische Bestimmung des Flächenträgheitsmoments aus dem idealen Sickenquerschnitt sowie mit Hilfe der Finite-Elemente-Methode, in Verbindung mit der elementaren Stabtheorie, werden Korrekturdiagramme für unterschiedliche Stempelabmessungen und Sickentiefen angeboten, die zur Ermittlung der tatsächlichen Versteifungswirkung beitragen.

Durch das Hohlprägen von parallelen Sicken und von Sicken im Boden von Ziehteilen konnte die Übertragbarkeit der Ergebnisse, gewonnen an Einzelsicken, auf Sickenanordnungen bestätigt werden. Außerdem wurden Erkenntnisse über die Versteifungswirkungen von Sickenanordnungen, abhängig von der Sickentiefe und der geometrischen Verteilung der Sicken im Ziehteil, erarbeitet.

- 143 -

Schrifttum

[1] Haddon, R. C.: An introduction to tooling and design for
Aluminium panels. Aluminium 51 (1975) 3, S. 219 - 223.

[2] Ostermann, F.: Heutiger Entwicklungsstand von Leichtme-
tallblechen für die Automobilindustrie. In: VDI-Berichte
Nr. 330, Düsseldorf: VDI 1978.

[3] Siegert, K.: Karosseriebleche aus Aluminium im Vergleich
zu Karosserieblechen aus Stahl. In: VDI Bericht 450,
Düsseldorf: VDI 1982.

[4] Müschenborn, W.: Moderne hochfeste Stahlbleche unter be-
sonderer Berücksichtigung ihrer Verarbeitungs- und Ge-
brauchseigenschaften. In: Tagungsband "Neuere Entwicklun-
gen in der Blechbearbeitung". Stuttgart: Forschungsgesellschaft Umformtechnik 1982.

[5] Müschenborn, W., Straßburger, Chr.: Kaltgewalzte Feinbleche aus unlegiertem Stahl für den Automobilbau. Thys-
sen Technische Berichte, H. 2, 1974.

[6] Oehler, G., Draeger, E.: Versteifen von Stahlblechteilen.
Stahl, Merkblatt 350, Beratungsstelle für Stahlverwendung.

[7] Kienzle, O.: Die Versteifung ebener Böden und Wände aus
Blech. Mitteilung der Forschungsgesellschaft Blechverarbeitung 6 (1955) 7, S. 77 - 83.

[8] Oehler, G.: Sickenversteifte Blechkonstruktionen. Konstruktion 22 (1970) 12, S. 481 - 487.

[9] Ebertshäuser, H.: Technologie der Blechbearbeitung. Bän-
der, Bleche, Rohre, 6 (1965) Teil 1: Nr. 2, S. 71 - 86,
Teil 3: Nr. 6, S. 305 - 315.

[10] Garbers, F., Gessner, G.: Beitrag zur Versteifung ebener
Platten durch Sicken. Mitteilungen der Forschungsgesellschaft Blechverarbeitung 7 (1956) 13, S. 146 - 152.

[11] Haug, H.: Zur Stabilität gesickter Bleche im Schienen-
     Fahrzeugbau. Leichtbau der Verkehrsfahrzeuge 18 (1973)
     3, S. 58 - 63.

[12] Müller, H.: Sicken an Weißblech- und Feinstblechpackungen.
     Verpackungsrundschau 3 (1965) 9, S. 240 - 242.

[13] Schmalenbach, K.: Sickenprobleme in der Emballagenindu-
     strie. Mitteilungen der Forschungsgesellschaft Blechver-
     arbeitung 9 (1958) 15, S. 165 - 174.

[14] Oehler, G.: Die in Blech eingeprägte Sicke als Verstei-
     fungselement. Konstruktion 22 (1977) 1, S. 5 - 9.

[15] Winterfeld: Die Sicke und ihre zweckmäßige Anwendung.
     Technik 20 (1965) 10, S. 119 - 120.

[16] DIN 8586 Fertigungsverfahren Biegeumformen, April 1971.

[17] DIN 8585 Fertigungsverfahren Zugumformen, Tiefen
     (Blatt 4), April 1971.

[18] Panknin, W.: Die Formgebungsverfahren der Blechverarbei-
     tung. Blech 6 (1959) 4, S. 162 - 170.

[19] Hilbert, H. L.: Stanzereitechnik, Band 2, Umformende
     Werkzeuge. München: Carl Hanser 1970.

[20] Oehler, G., Garbers, F.: Untersuchung der Steifigkeit
     und Tragfähigkeit von Sicken. Forschungsberichte des
     Landes Nordrhein-Westfalen, Nr. 1918, Köln und Opladen:
     Westdeutscher Verlag 1968.

[21] AWF Richtlinie: 500.68.01 Ermittlung der Prägekraft.
     500.68.02 Zieh- und Prägekraft für das Prägen von
     Sicken- bzw. Rippen-Feldern in enger Folge. 500.68.03
     Ermittlung der Ziehkräfte bei Blechteilen mit hohlgesprägt-
     ter Bodenfläche.

[22] Hilbert, H. L.: Die verschiedenen Arten des Prägens.
     TZ-für praktische Metallbearbeitung, Teil 1: 69 (1975)
     10, S. 328 - 331, Teil 2: 70 (1976) 5, S. 161 - 227,
     Teil 3: 70 (1976) 7/8, S. 225 - 227.

[23] Haas, E.: Errechnen der Verformungskräfte für Blechteile mit eingepreßten Versteifungen. Blech 5 (1958) 7,
S. 31 - 36.

[24] Rogge, B.: Beading techniques for strengthening sheet
metal parts to minimize weight and material thicknes.
Product Engeneering 26 (1955) 7, S. 183 - 188.

[25] Petzold, W.: Untersuchung des Werkstoffflusses und der
Umformkraft bei der Herstellung von Versteifungssicken.
Dr.-Ing.-Dissertation, Technische Hochschule Magdeburg,
DDR, 1970.

[26] Petzold, W.: Ermittlung der maximalen Sickentiefe beim
Hohlprägen. Fertigungstechnik und Betrieb 20 (1970)
7, S. 427 - 430.

[27] Lange, K.: Lehrbuch der Umformtechnik, Band 1. Berlin:
Springer 1974.

[28] Proska, F.: Zur Theorie des plastischen Biegens bei
großen Formänderungen. Dissertation, TH Hannover 1958.

[29] Kirchoff, D.: Umformgrenzen und Kraftparameter beim Prä-
gesicken von Stahlwerkstoffen. Dr.-Ing.-Dissertation,
TH Magdeburg, 1981.

[30] Mäde, W., Deh, R.: Formänderungsvermögen von tiefzieh-
fähigen Blechen unter zweiachsialer Reckbeanspruchung.
Fertigungstechnik und Betrieb 17 (1967) 5, S. 305 - 308.

[31] Matwejew, A.: Bestimmung der höchstzulässigen Vertiefung
und der optimalen Abmessungen eines starren Stempels bei
örtlicher Umformung. Kuzn.-Stam.Proizvod., Moskau 9
(1966) 9, S. 21 - 24.

[32] Matwejew, A.: Größte Tiefe bei den auf Blechtafeln zu
formenden Wellen. Kuzn.-Stamp.Proizvod., Moskau 11
(1969) 1, S. 18 - 22.

[33] Lange, K.: Lehrbuch der Umformtechnik, Band 3, Berlin:
Springer 1975.

[34] Werksnormen "Sicken" der Firmen Porsche, VW/Audi NSU,
      BMW.

[35] Bremberger, M.: Stanzerei-Handbuch für Konstrukteure,
      Schneiden und Formen. München: Carl Hanser 1965.

[36] Kaczmarek: Praktische Stanzerei, Bd. 1, Schnitte und
      Stanzen. Berlin: 1949.

[37] Spangenberg, D.: Spannungsmessungen in Sicken. Mitt.
      Forsch. Gesellschaft Blechverarbeitung 9 (1958) 10/11,
      S. 113 - 121.

[38] Travis, F. W.: An investigation into pressing of ridges
      into flat panels. Sunderland Polytechnicum, 1981.

[39] Petzold, W., Kirchhoff, D.: Richtlinien zur Gestaltung
      von Werkzeugen für das Roll- und Prägesicken. Fertigungs-
      technik und Betrieb, 33 (1983) 2, S. 101 - 105.

[40] Petzold, W.: Ermittlung der Umformkräfte beim Sicken im
      Gesenk. Fertigungstechnik und Betrieb 21 (1971) 3,
      S. 152 - 155.

[41] Kluge, S.: Kraftbedarf für die Herstellung trapezförmi-
      ger Sicken durch Prägesicken. Umformtechnik 13 (1979) 2,
      S. 39 - 46.

[42] Panknin, W., Shawki, G.: Zusammenhang zwischen Fließkur-
      ve und Werkstoffkennwerten bildsamer metallischer Werk-
      stoffe. Zeitschrift für Metallkunde, 52 (1961) 7,
      S. 455 - 461.

[43] Oehler, G.: Gestaltung gezogener Blechteile. Konstruk-
      tionsbücher, Berlin: Springer 1966.

[44] Schachtel, F.: Trägheitsmomente von Blechprofilen. Blech
      1962, Nr. 4, S. RP 2/16 - 2/20.

[45] Garbers, F.: Biegesteifigkeit verschiedener Sickenfor-
      men. Mitteilung der Forschungsgesellschaft Blechverar-
      beitung 9 (1958) 10/11, S. 101 - 112.

[46]   Schachtel, F.: Trägheitsmomente und Versteifungsrippen
       bei Blechprofilen. Mitt. Forschungsgesellschaft Blech-
       verarbeitung 3 (1952) 7, S. 69 - 73.

[47]   Schachtel, F.: Trägheitsmomente bei U-Blechprofilen.
       Mitt. Forschungsgesellschaft Blechverarbeitung 3 (1952)
       12, S. 129 - 134.

[48]   Schachtel, F.: Trägheitsmomente bei Hut- und C-Blech-
       profilen. Mitt. Forschungsges. Blechverarbeitung 3 (1952)
       17, S. 189 - 195.

[49]   Schachtel, F.: Die Versteifung ebener Böden und Wände
       aus Blech. Mitt. Forschungsges. Blechverarbeitung 6 (1955)
       15,S. 185 - 189.

[50]   Kienzle, O.: Gestaltungsrichtlinien und Fertigungsmög-
       lichkeiten bei Blechgegenständen. Mitteilungen der For-
       schungsgesellschaft Blechverarbeitung 6(1955) 13,
       S. 153 - 160.

[51]   Spangenberg, D.: Festigkeitsuntersuchungen an Wellblech-
       trommeln mit unterschiedlichen Wandstärken und Sicken-
       formen. Mitt. Forschungsgesellschaft Blechverarbeitung
       11 (1960) 19/20, S. 238 - 246.

[52]   Feiertag,   R.: Die Formsteifigkeit von dünnwandigen
       Bauelementen der Feinwerktechnik. Dr.-Ing.-Diss. TH
       Karlsruhe 1967.

[53]   Oehler, G.: Zur Anordnung von Versteifungsrippen auf
       runde und rechteckige Platten. Mitt. Forsch. Gesellschaft
       Blechverarbeitung 6 (1955) 15, S. 190 - 191.

[54]   Gut, H.: Trägheits- und Widerstandsmomente für kreislinig
       verformte Breitbandprofile. Konstruktion-Elemente-Metho-
       den (KEM), (1982) 7, S. 45 - 49 und Blech, Rohre, Pro-
       file 27 (1980) 10, S. 740 - 743.

[55]   Oehler, G.: Scharfkantiges Biegen dicker Bleche. Werk-
       stattstechnik, Der Betrieb 38/23 (1944), S. 157 - 158.

[56] Falkenstein, H. P.: Entwicklung von Aluminiumblechen
      für das Tiefziehen. In: Tagungsband 10. Umformtechnisches
      Kolloquium, HFF-Bericht Nr. 6, Hannover 1980.

[57] Blaich, M.: Beitrag zum Ziehen von Blechteilen aus Alu-
      miniumlegierungen. Berichte aus dem Institut für Umform-
      technik, Universität Stuttgart, Nr. 61, Berlin: Sprin-
      ger 1981.

[58] Kübert, M.: Aufbringen und Auswerten von Meßrastern beim
      Blechumformen. Werkstatt und Betrieb 113 (1980) 7,
      S. 483 - 487.

[59] Hasek, V. V.: Über den Formänderungs- und Spannungszu-
      stand beim Ziehen von großen unregelmäßigen Blechteilen.
      Berichte aus dem Institut für Umformtechnik, Universi-
      tät Stuttgart, Nr. 25, Essen: Girardet 1973.

[60] Hasek, V. V.: Auswertung von Liniennetzen beim Ziehen
      von großen unregelmäßigen Blechteilen. Industrie-Anzei-
      ger, Essen 93 (1971) 19, S. 403 - 405.

[61] Hasek, V. V.: Untersuchung und theoretische Beschreibung
      wichtiger Einflußgrößen auf das Grenzformänderungs-
      schaubild. Sonderdruck aus Blech, Rohre, Profile, Bam-
      berg: Meisenbach 1978.

[62] Wilhelm, H.: Untersuchungen über den Zusammenhang zwi-
      schen Vickershärte und Vergleichsformänderung bei Kalt-
      umformvorgängen. Berichte aus dem Institut für Umform-
      technik, Univ. Stuttgart, Nr. 9. Essen: Girardet 1969.

[63] Dubbel: Taschenbuch für den Maschinenbau. Berlin: Sprin-
      ger 1981.

[64] N. N.: FORTRAN-Programmsystem Statik, Benutzeranleitung,
      Version 30, 2. Auflage Inst. für Informatik, ETH Zürich.

[65] Argyris, J. H. u. a.: ASKA User's Reference Manual.
      ISD-Report Nr. 73, Stuttgart 1971.

[66] Hasek, V. V.: Versuchswerkzeug zum Bestimmen unterschied-
      licher Einflüsse auf den Tiefziehvorgang. Ind. Anzeiger
      99 (1978) 29, S. 517 - 518.

[67] Hasek, V. V.: Möglichkeiten zur Steuerung des Stoffflus-
      ses beim Ziehen großer unregelmäßiger Blechteile. Berich-
      te aus dem Institut für Umformtechnik, Universität Stutt-
      gart, Nr. 56, Berlin: Springer 1980.

[68] Girkmann, K.: Flächentragwerke. Wien: Springer 1959.

[69] Müschenborn, W., Sonne, H.-M.: Einflüße auf die Grenz-
      formänderungskurve von Stahlblech ermittelt mit Hilfe
      der Filmtechnik. Thyssen Technische Berichte (1979) 2,
      S. 126- 132.

[70] Hoang-Vu, Kh.: Möglichkeiten und Grenzen des Kaltgesenk-
      schmiedens als eine fertigungstechnische Alternative für
      kleine, genaue Formteile. Berichte aus dem Institut für
      Umformtechnik, Universität Stuttgart, Nr. 65. Berlin:
      Springer 1982.

[71] Paukert, R.: Rechnerische Ermittlung von Zustandsgrößen
      beim Radialumformen. Berichte aus dem Institut für Um-
      formtechnik, Universität Stuttgart, Berlin: Springer 1984.

[72] Hill, R.: A theorie of the yield and plastic flow of
      anisotropic metals. Proc. Roy. Soc. London. Ser A 193
      (1948) S. 281 - 297.

[73] Kienzle, O.: Mechanische Umformtechnik. Berlin: Springer
      1968.

[74] Gologranc, F.: Beitrag zur Ermittlung von Fließkurven im
      kontinuierlichen hydraulischen Tiefungsversuch. Berichte
      aus dem Institut für Umformtechnik, Universität Stuttgart.
      Nr. 31, Essen: Girardet 1975.

[75] Hill, R.: Theoretical plasticity of textured aggregates.
      Math. Proc. Cambridge Philsophical Society, Vol. 85
      (1979),S. 179 - 190.

Berichte aus dem Institut für Umformtechnik der Universität Stuttgart

Herausgeber Professor Dr.-Ing. Kurt Lange

Die Berichte 1 bis 50 sind zu beziehen durch das Institut für Umformtechnik, Holzgartenstr. 17, 7000 Stuttgart 1

Die Berichte 51 und folgende sind zu beziehen durch den Springer-Verlag, Berlin Heidelberg New York Tokyo

Die Berichte 51 und folgende sind zu beziehen durch den Springer-Verlag, Berlin Heidelberg New York Tokyo